照明改变生活

【日】中岛龙兴 著
马卫星 译

中国水利水电出版社
www.waterpub.com.cn
· 北京 ·

内 容 提 要

本书深入浅出地介绍了照明和光具有改变人们生活的能力，而且它们还能改变人们的生活。全书共分为5章，分别为：人被光支配着、与照明结为伙伴、照明影响人的心理和行动、光与身心健康密切相关、为体质健康而好好利用光。通过阅读本书，读者可以了解照明和光给我们生活带来的便利与益处，还能对照明光的功用有更深入的思考与研究。

本书可供社会大众阅读，让其了解照明与光对我们身心健康的影响，从而更好地利用生活中的光；也可供专业设计师阅读，让其在设计中更加深入地思考如何设计照明设施的布置与光线的投射，才能让光给建筑带来更实用与出彩的效果。

图书在版编目（CIP）数据

照明改变生活 / （日）中岛龙兴著 ； 马卫星译. -- 北京 : 中国水利水电出版社, 2020.8
ISBN 978-7-5170-8799-1

Ⅰ. ①照… Ⅱ. ①中… ②马… Ⅲ. ①照明－普及读物 Ⅳ. ①TU113.6-49

中国版本图书馆CIP数据核字(2020)第157152号

书 名	**照明改变生活** ZHAOMING GAIBIAN SHENGHUO
作 者	[日] 中岛龙兴 著 马卫星 译
出版发行	中国水利水电出版社 （北京市海淀区玉渊潭南路1号D座 100038） 网址：www.waterpub.com.cn E-mail：sales@waterpub.com.cn 电话：(010) 68367658（营销中心）
经 售	北京科水图书销售中心（零售） 电话：(010) 88383994、63202643、68545874 全国各地新华书店和相关出版物销售网点
排 版	中国水利水电出版社微机排版中心
插图绘制	张 璐 杨 琴
印 刷	北京瑞斯通印务发展有限公司
规 格	170mm×240mm 16开本 6.5印张 110千字
版 次	2020年8月第1版 2020年8月第1次印刷
定 价	**48.00** 元

推荐序 1

科技之光引领健康生活

地球的生命源于太阳的光芒和能量。古往今来，无数个民族曾把太阳尊奉为生命之神。经过数十万年的进化，人类不断探索、制造光源，在夜晚对抗对黑暗的恐惧。自爱迪生发明电灯以来，人类的日出而作、日落而息的昼夜生活节律被彻底改变。特别是近 30 年来，国内城市现代化进程的加速，节能高效的 LED 等绚烂多彩的人造光源成为现代文明生活中的重要组成部分。不知不觉间，白昼与夜晚的界线逐渐模糊的同时，干眼、视疲劳、近视等眼科疾患发病率急剧上升，这似乎与依赖 LED 光源的智能电子产品迅速普及不无关系。

中岛龙兴先生，一位照明设计专业的资深从业者，也是一位新型照明科技研究领域的著名学者，以及室内外环境灯光艺术的缔造者，更是一位致力于健康照明理念的传播者。本书用轻松平实的语言通过一个个鲜活生动的案例，向广大读者诠释了光的电磁波本质、色彩的构成、视觉的形成以及健康合理的照明设计对人类心理的积极影响等，展现了从生命对光明的追逐到无处不在的健康照明人文关怀。同时，我们也要感谢北京理工大学设计与艺术学院马卫星老师的辛勤翻译工作，让这本科普著作得以与中国读者见面。期待更多的普通大众，甚至城市规划从业者从这本科普著作开始关注照明与健康。

我们努力拥抱太阳，更要努力驾驭科技之光，引领人类走向绿色文明的健康生活。

北京市海淀医院眼科 主任

2019 年 6 月

推荐序 2

健康照明 健康生活

自然光孕育了人类，人造光在空间上和时间上拓展了人类的生活。本来光明和黑暗交替是人类生活的自然规律，灯光的出现和应用改变了自然环境，成为人类实现生活欲望的一种武器。如何用好灯光，利于健康，利于生活，同时实现满足视觉需求的愿望，度的掌握很重要。因此，灯光的设计要上升到深层次的专业用光的领域，要思考的要素很多，不能仅停留在单纯视觉方面的需求，要了解光的内在机制与人健康的关系。

中岛先生是我尊敬的照明领域的专家，是一位资深的照明设计研究前辈，多年致力于照明科学方面的研究与科普，著述颇丰，笔耕不辍。读中岛先生的书，能让我们把平日的灯光设计与健康关联起来，让灯光的应用以健康为前提，让人类的生活状态不因灯光应用的可能性而做出过度的改变。这方面近年来除了在医学方面的研究外，中国大学的建筑学院教授们也开始卓有成效地研究并成果颇丰。基础是成就高度的必然条件，基础的研究与科普是值得尊敬的工作，中岛先生积极推进这方面的研究与科普，为我们树立了榜样。

本书深入浅出，涉及生活工作中常遇到的问题，为我们设计师助力。开卷有益，用光有度，由衷为中岛先生的努力点赞，也向中文版翻译工作辛苦付出的马卫星老师致敬。

栋梁国际照明设计中心主持人 总设计师
2019 年 6 月

前言

在人工照明泛滥的现代社会，人们甚至在黑夜中也完全看不到黑暗，不知不觉总被光包围而生活着。过去，人们对黑暗充满恐惧，总想生活在没有黑暗的理想世界里。的确，黑夜即使是对现代人来说也是不安定的因素。虽然路灯给我们行人带来了安全，但是路灯的灯光射进居室的卧室总不是好事。因此，卧室常采用遮光用的窗帘。可是相反，遇到阴天的早晨，室内光线昏暗往往会使居住者不愿起床。

据说，在日本睡眠不足的人有很多。实际上，即使睡眠时间很长，但睡眠质量不佳，也与睡眠不足的效果是一样的。长期睡眠不足会导致睡眠负债，这样即使在工作场所，睡意也会招致生产效率下降，还会造成交通事故上升的恶果，可以说没有一点好处。

睡眠负债与在明亮的室内环境里熬夜工作，或者过度看手机等直接光和间接光有着很大的关系。

1666 年，艾萨克·牛顿（Isaac Newton，1643—1727 年）发现了利用玻璃棱镜可以把太阳的可视光线（380 ～ 780nm）发散为各种颜色的彩色光谱。这在 19 世纪以前，光与空气和水一样，虽然理所当然地存在，但除了亮度和温热效应以外，还没有深入地考虑到其影响力。

然而，在古代的埃及、罗马和希腊，部分行医者已经认识到，太阳光的神奇是不可思议的，并具有一定的运用太阳光的能力，留下了对病弱者进行适度日光浴的记载。也就是说，即便当时还不知道日光浴中存在有益的紫外线，但已经感知到日光浴对身体是有好处的。进入 19 世纪，人们发现了光中具有红外线和紫外线，从而推动了光对于医学应用的研究。特别是，由于紫外线具有很强的能量，如果摄取的方式得当则有益无害。

19 世纪中叶到世纪末，被称为白炽灯的灯泡在欧美问世。爱迪生发明的具有实用性的电灯泡面世后，人们对自然光的关心逐渐向人工光转变。

开始的电灯光像细细的烛光那样比较昏暗，在发明后约 150 年后的今天，光源从白炽灯演变为 LED，于是一盏灯具的亮度已是烛光的 300 ～ 500 倍并广泛安装于房间中。一般照明用 LED 几乎没有紫外线和红外线，就这一点来说，也许对于我们的生活是无害的。

令人担忧的是，诸多 LED 与自然光相比，可视光域的光谱（波长排列顺序）有两个以上的波峰和波谷，光谱能量分布不太均匀，而太阳光和白炽灯的波长起伏变化较小，没有那么大的波峰和波谷。特别是早期的 LED，在 400 ～ 500nm 的光谱范围内，波长起伏非常明显。这就是在医学界被称为给眼睛带来恶劣影响的蓝光，也是造成睡眠障碍的重要原因。然而，也正因为有了 LED，才使我们对可见光域每段细微波长的性质，以及对人体的影响能够得以研究。

当今的科技水平对于波长设计而言，创建 LED 芯片的色光与各种荧光体相互组合所需要的光谱分布，从某种程度上已经成为可能。今后，医学界将拧成一股绳，以可视光域的 nm（纳米）为单位，将光对于身体影响的研究不断深入下去。

目前照明的目的主要分为以下四类：①为了安全放心；②为了视觉作业；③为了环境氛围；④为了健康。

最近，日本照明设计师正积极着手利用媒体介绍有关光的空间。通过这项对大众有益的活动，使更多的人了解到照明除了亮度外，还有更本质的东西。比如说，通过杂志等媒体介绍用暖色光营造温馨的餐厅环境氛围的例子，从而让餐厅受到人们的关注而吸引顾客。于是，人们不但品尝了美味佳肴，还在良好的照明氛围下度过了美好的时光。因为在温暖的灯光下细嚼慢咽对消化是大有益处的，这样非常有利于健康。

另外，街道上的路灯照明以及装饰彩灯的效果易使人群聚集。人们与光相伴会使游玩心情舒畅，从而忘掉了一天的疲劳，进而带来乘数效应，使其地域的购物、餐饮业兴隆，从而带动了经济发展。另外，人们关掉家里的电器，乘电车来到此地观赏灯光夜景，也在一定程度上节省了能源。

综上所述，照明和光具有改变人们生活的能力。本书不但介绍了照明的效果以及对人们的影响，而且阐明了照明还能够改变人们的生活。如果读者即使对照明不太关心，但通过阅读本书，不仅可以了解光和照明能给我们带来亮度，还能对光和照明的功用带来更深入的思考，那我作为著者，也会感到非常荣幸。

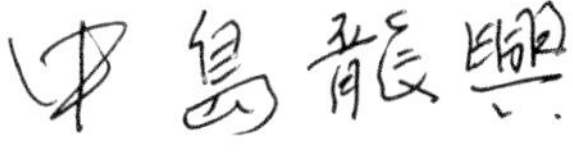

2019 年 6 月

目录

Chapter1　人被光支配着

Chapter2　与照明结为伙伴

Chapter3 照明影响人的心理和行动

Chapter4 光与身心健康密切相关

Chapter5 为体质健康而好好利用光

Chapter1 人被光支配着

自古以来，世界范围内的所有宗教活动中一定会有光的参与。光作为生命的象征，人们对光怀有敬畏的心情。于是，人们每日生活在自然光下并逐渐适应其变化。

大约在 141 年前（1879 年），爱迪生发明了电灯之后，以往人们一到沉寂的夜晚就停止一切活动的生活模式发生了巨大的改变。灯光将夜晚的黑暗一扫而光，即使在夜晚人们也能在灯光下进行生产活动，由于灯光在娱乐场所可以治愈人们肉体和精神上的疲惫，所以人们愿意聚拢在它的光辉之下。今天，在人们的生活中若没有人工光那简直不可想象。不知从何时开始，我们的行动受到了人工光的支配。

1.1 自然光的能量

太阳光代表着自然光，是由人眼可以看到的可视光线和看不到的紫外线和红外线等构成。它们可以看成电磁波的一部分，根据不同的波长，光的性质也有所不同。照明设计不仅涉及可视光线，而且还涉及看不到的紫外线和红外线（图 1-1）。

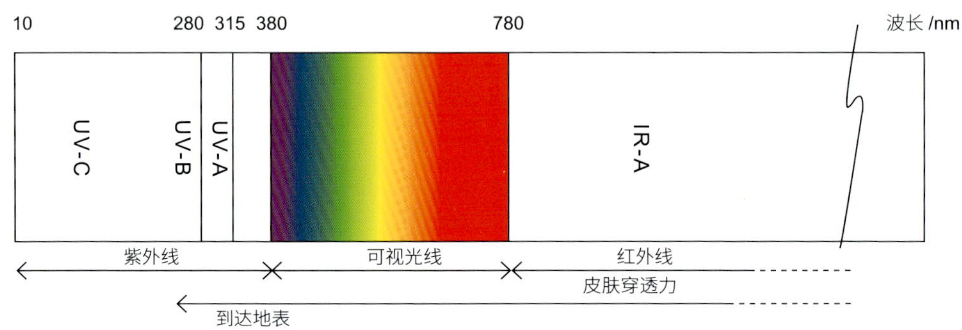

图 1-1　太阳光的电磁波

照明灯具中因光源种类的不同而或多或少地放射出紫外线和红外线。当然，照明灯具中光源放射出的这点紫外线和红外线与太阳光相比是微不足道的，但长时间不加以重视的话，如美术馆、博物馆和高档服装店等里的展品和商品，也会因紫外线的照射影响而受到损伤。

众所周知，光的本质是电磁波。电磁波中可视光线的主要作用是刺激人眼而看到物体的形状和颜色（图 1-2）。

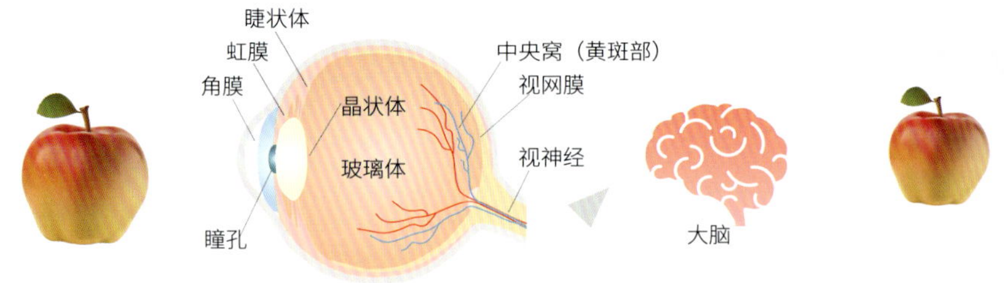

进入眼睛的光刺激视网膜深处的视细胞，产生光电信号并传入大脑。这样才使人眼能看清物体的形状和颜色。

图 1-2　眼睛能看清物体的原理

紫外线比可视光线的波长要短，相对于可视光线而言属于能量强的光。紫外线的波长从短到长按顺序分为 3 种，即远紫外线（UV-C，100 ～ 280nm）、中紫外线（UV-B，280 ～ 315nm）和近紫外线（UV-A，315 ～ 400nm）。顺便说一下，波长的长度单位用纳米（nm）表示，1nm 等于 10 亿分之 1m，也就是说 1nm = 10^{-9}m。大体上讲，1000nm 的粗细只有一根人的头发的 1/100。

图 1-3　紫外线晒伤皮肤

众所周知，沐浴太阳光的紫外线会使皮肤晒黑，这是中紫外线所导致的结果（图 1-3）。

自然光因季节、时间和地区等因素的不同，紫外线的强度也不同。由于这种电磁波是人眼看不到的，因此皮肤暴露在强度高的紫外线下，在不知不觉中会被晒黑。皮肤晒黑是紫外线与皮肤内的黑色素细胞（Melanocytes，以 10 ∶ 1 的比例存在于皮肤基底细胞内）发生反应的现象。由于皮肤晒黑也意味着提高对紫外线的抵抗力，因此对皮肤晒黑现象也不能一概否定。特别是对沐浴自然光比较少的现代人来说，适量沐浴太阳光对身体健康是有益的（图 1-4）。

图 1-4　日光浴

紫外线到达不了眼球里的视网膜（相当于照相机内的胶片），因此紫外线对视网膜几乎没有什么影响。可是，眼睛表面的角膜和结膜（白眼球部分）与皮肤具有相同的组织，特别是眼睑张开暴露在光线下所带来的影响，是造成眼球慢性充血等的病因。总的来讲，紫外线对眼睛是不利的，所以要注意眼睛不要照进紫外线。

另外，比可视光线波长还要长的是红外线，约占日光的 50%。红外线波长从短到长按顺序分为 3 种，即近红外线（IR-A，780 ～ 1400nm）、中红外线（IR-B，1.4 ～ 3μm）和远红外线（IR-C，3μm ～ 1mm）。尤其是在远红外线中，有生物生存必不可少的要素，因此人们把远红外线中这一段波长称为“生命光线”。1981 年由美国航空航天局（National Aeronautics and Space Administration，NASA）通过研究，将这段波长与构成人体的分子进行共振，从而使体内达到保温的效果。

身体保温有益健康，这一点早在中国的医书《黄帝内经》中就有所记载了。日本也是一样，例如肚子受凉疼痛时，用手触摸疼痛部位，通过手放射出来的红外线可使腹部变暖而达到缓解疼痛的目的。笔者也多次体验过这种用暖手捂住因受凉而疼痛的腹部，还真的能起到一定的缓解作用。因此，从古代就利用日光浴使身体变暖而达到健康这一点来说，并不是没有科学道理的。

现代科学实验表明，日光浴对身体不好的人来说，的确有一定的治疗作用。例如，美国乔治敦大学（Georgetown University）的研究人员发现，晒太阳能增强人的免疫力。阳光中的低强度蓝光有助于激活负责给免疫细胞（T 淋巴细胞）打开信号通道的过氧化氢，令 T 淋巴细胞快速移动，从而使机体保持警惕，随时应对新的侵入。

还有，近年英国科学家完成的一项新研究发现，晒太阳有助于降低血压，进而降低心脏病发作和中风风险。在新的研究中，参试者被要求接受两次日光浴照射，每次 20 分钟。第一次照射中，参试者同时接受紫外线和灯热照射；第二次紫外线被隔离，参试者皮肤只接受灯热照射。结果发现，接受含紫外线的阳光照射 20 分钟后，血管就会扩张且释放一氧化碳；仅接受灯热照射者则无此效应。由于一氧化碳有益降低血压，所以研究者认为，是紫外线而非阳光热量对降压起到了关键作用，进而降低了发生心脏病、中风或血栓的风险。

另外，多项研究也表明，夏季血压比冬季更低；在远离赤道、日照相对较少的国家，居民血压更高，这些人都与日照量少密切相关。

1.2　从自然光到电灯照明

1983 年，日本日经出版社（SAIENSU）出版了《对于人体来说光是什么》（R. J. Wurtman 著）一书，10 年之后笔者阅读了此书，当读到后面章节“光的环境成为社会问题”时，着实令笔者吃惊。书中提到，在设计照明光环境时，不仅要考虑到视觉和审美因素，还必须要考虑到人类健康这一重要问题。

那时，笔者正如火如荼地从事着各种各样建筑空间的照明设计，也的确片面地仅从视觉和审美两角度进行着所谓的照明设计。在那个年代，不仅笔者是这样，其他的设计师也都如此。笔者从 20 世纪 60 年代后期就开始从事照明设计，至今已有 50 余年。那时对照明的设计目的归纳起来大概有以下三点：①安全和放心；②满足明视条件；③营造环境氛围。其中“健康”一词只字未提。

为什么会这样？这是因为在 50 多年前的科学界中，科学家们认为光给予人体的影响主要是由自然光中的紫外线和红外线造成的，在人类认知有限的可视光线范围内，光线除了具有照明物体的作用外，作为睡眠荷尔蒙褪黑素的分泌，在 2500lx（勒克斯，照度单位）以上照度时会受到抑制。大家知道的也仅此而已。

光影响睡眠是个大问题。但由于在普通的生活空间里明亮的程度几乎没有必要在 2500lx 以上，因此照明设计师也就没有必要特别考虑到有关照明与睡眠的相关问题。

进入 21 世纪以来，人们逐渐认识到，即使是大约 100lx 照度，对睡眠荷尔蒙褪黑素的分泌也会造成影响，而 100lx 照度对于一般家庭而言是再平常不过的照度了（有关褪黑素的内容将在后面的第 4 章和第 5 章中详细介绍）。

日本自 20 世纪 60 年代开始普及使用荧光灯以来，包括住宅在内的各种空间设施亮度急速上升。由于处于经济的高速成长期，人们在公司里从早到晚工作在荧光灯下。即便是加班也完不成的工作还要带回家去做，这样利用夜晚休息时间而工作的人不在少数。

不久，在这种工作状态下的人中产生了“身子犯懒、打不起精神、经常是事与愿违”等现象，甚至只要是身子一动，就会重复每天生活中的某种习惯。现在回想起来，归根结底，其原因应该与当时的照明环境有着很大的关系。

1.3　现代人被照明支配着

19 世纪 70 年代，美国的托马斯·阿尔瓦·爱迪生（Thomas Alva Edison，1847—1931 年）、德国的亨利·戈培尔（Henry Goebel，1818—1893 年）和法国的斯旺（Swan，1828—1914 年）等人几乎在同一时期发明了白炽灯。但是，爱迪生发明的白炽灯有 100 多项专利，并且具有实用性，所以他成为了名垂千古的发明家。自白炽灯发明以后，其亮度也是逐年递增（图 1-5）。

图 1-5　爱迪生研发出白炽灯

1936 年，美国通用电气公司（General Electric Company）发明了荧光灯受到世人瞩目，它比白炽灯多出约 1W 光量，且灯管使用寿命更长。之后，荧光灯在世界范围内逐渐得到普及和应用，使室内的照度更加明亮。

与自然光不同，包括荧光灯在内的电灯照明不受天气变化的影响，可以长时间稳定地照亮室内。于是伴随着电灯照明亮度的逐年递增，人们在室内生活的时间也就越来越长。在电灯照明发明以前，人们几乎都是在户外工作，而今天多数人已经成为了室内生产者。

早在远古时期，地球上的生物是生活在海洋里的。之后地上的氧气变得丰富，从海洋到陆地上生活的动物也就逐渐增多，其中只有极少的动物最后进化到人类。人类在历经数百万年的岁月中一直是在阳光的沐浴下生活着，直到约 150 年前，才改变为在光质完全不同的电气照明下生活，以至于现在要依靠这种照明光而生存。

2011 年，因为日本的大地震和福岛的核电站事故，有些地方断了水电。东京也受到了很大影响，路灯限时照明，有些地方甚至完全中断（图 1-6）。由于多日夜晚没有照明而影响了人们的日常生活。如今，现代人如果没有电灯简直无法生活，可以说是靠人工照明而生存着。

(a) 地震前

(b) 地震后

图 1-6　东京某地下商店街的主照明

1.4 提神与放松的光

自然光从黎明到午时渐渐明亮，从午时的某个时间段开始逐渐变暗。

明亮常以照度数量化，单位用 lx 表示。

晴天阳光下照度约 10 万 lx，日落后从数百勒克斯降到数勒克斯。白天阴天或者晴天树荫下大约 1 万 lx。图 1-7 概略地表示了自然光和人工光下部分空间的照度值，从中可以大致感受到其照度下的明亮状态。

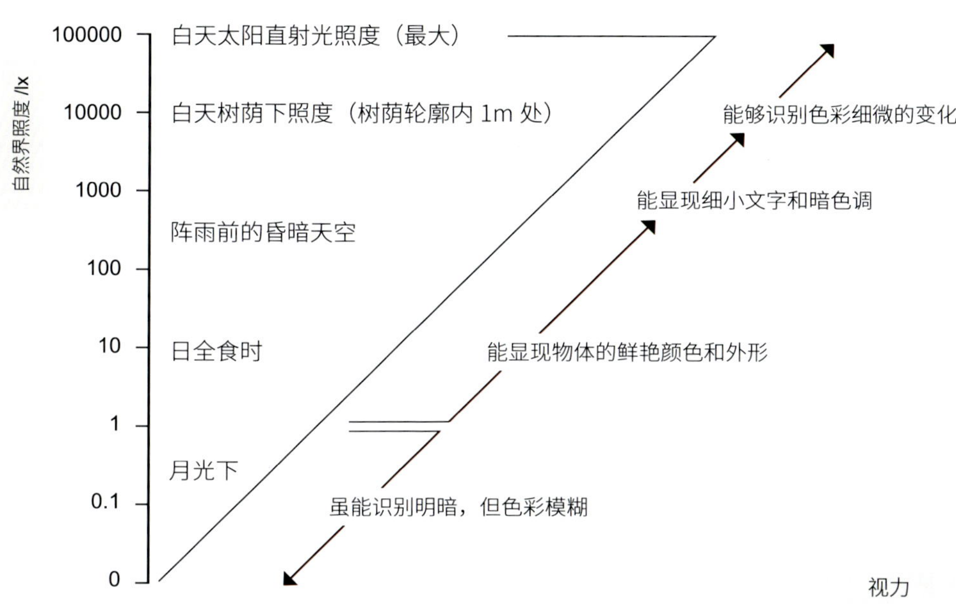

图1-7　自然界的照度及对应视力

太阳光的光色伴随着一天时间的变化而时刻变化着。清晨是淡淡的橙白色，中午是白色，傍晚因气候的不同有时会变得比黎明更显浓厚的橙白色。

这些光色用色温数量化，单位用 K（开尔文）表示。

自然光下的色温也是大概的数值，白天太阳光为 5000K，蓝色晴空为 8500K，夕阳时间段因天气的变化在 2500K 左右。另外，月亮离开地平线高度时为 4200K，烛光为 1900K（图 1-8）。

光色对人的心理会产生很大的影响。从温热效应来说，橙色光比白色光让人感到温暖。《日本工业标准》（JIS）中有关照明的章节里对色温的冷暖差规定为 3 个阶段。未满 3200K 为暖色，3200 ～ 5300K 为中间色，5300K 以

上为冷色。中国的《建筑照明设计标准》中对光色也做出了基本相同的规定。

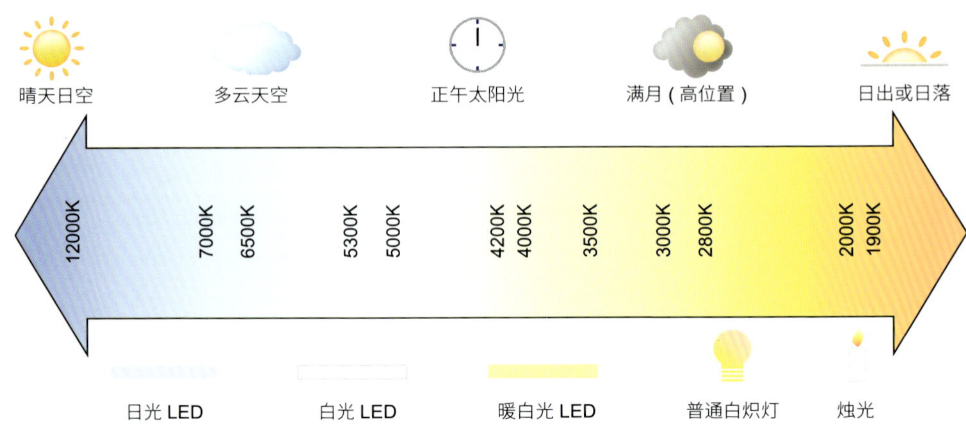

图 1-8　主要光源的色温

顺便说一下，在人工光源中，白炽灯和低色温的 LED 灯泡为暖白色；荧光灯和 LED 灯具的白色（RB）和冷白色（RL）为中间色；荧光灯和 LED 灯具的日光色（RR）属于冷色。

白天，人们在明亮的白色光下勤劳地进行生产活动，当日落天色稍暗并呈现橙白色光后，人们从繁忙的工作中得以解放并进入休息状态，这种感觉直到现代人也得以继承。例如，在工作氛围高涨的办公室内多采用明亮的白色光，而在力求身心放松且私密的宾馆或餐厅里，则多采用暖色光且照度设定得稍低。这样的亮度和光色对人的心理会产生很大的影响。

1.5　从了解光色到习性

如今，人们无论是在白天还是夜晚，在电灯光下工作或生活是理所当然的事情。特别是很多日本人都偏好中间色的白色光，这一点从城市的夜景照明中就可以看到。例如，虽然东京夜景的暖色光逐渐增多，但很多地域的写字楼和集合住宅的窗户里散溢出来的灯光，以及路灯的灯光仍然是以白色光居多。有时我们可以根据户外夜景中使用最多色温的灯光来窥见那里市民的习性。

光的信息通过眼睛的视网膜后转换成光电信号，然后通过视神经传至大脑的光电信号刺激身体的内脏和血管密布的自律神经系统，从而影响着各个器官发挥作用和分泌荷尔蒙。神经有中枢神经和末梢神经，前者通过脑和脊髓起到了全神经中央控制室的作用。后者由中枢分支遍及全身，掌管知觉和运动的体性神经和自律神经。自律神经与人的意识无关而控制着身体的机能（图 1-9）。

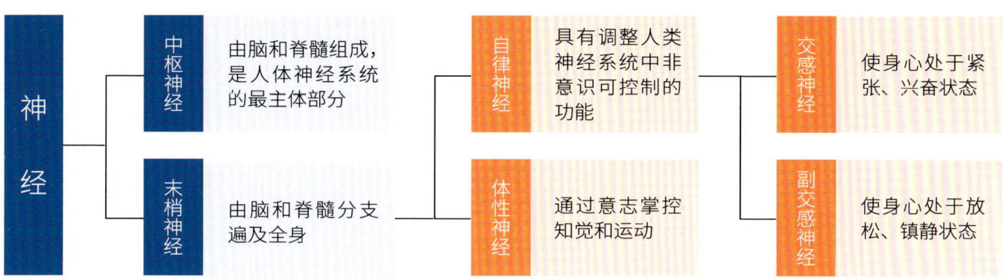

图 1-9　神经的分类与作用

一般情况下，明亮的白色光进入眼睛后会促使自律神经的交感神经活动（胜浦哲夫照明学会志 . 光质影响到人类的生理反应吗 . 2000 年，第 6 号）。如果这样，说日本人昼夜在白色光下劳作一点儿也不过分，虽然爱勤劳、爱清洁，但也从中可以窥视到日本人的工作狂和缺乏个性和幽默感的习性。

与日本人多喜好白色光相反，在北欧的城市里，路灯和建筑物窗户漏出的灯光多为白炽灯那样的暖白色。相对于白色光来说，暖色光刺激自律神经的副交感神经，有利于抚慰精神。在公司与家庭二者之间，北欧人更重视家庭，富足生活的优越感和稳定的社会保障削弱了人们在精神上的进取。另外，在暖色光下读书会给人们带来乐趣，并且能启迪人们的智慧。当然，上述这些内容对于所有日本人和北欧人来说并不能一概而论（图 1-10）。

（a）白光凸显的日本写字楼

（b）暖光较多的北欧写字楼

图 1-10　日本与北欧写字楼照明光色对比

包括日本在内的亚洲圈，白色光占有绝对的优势。虽然亚洲的亚热带温暖气候是要求凉爽灯光的，但总觉得理由还不够充分。

1.6 为生存而正确地辨识颜色

几乎所有原始的灵长类和哺乳类动物为了躲避天敌而一直过着夜行性的生活，因此视觉上没有必要把颜色分那么细，推测色觉只有两色（蓝色和红色）。然而，人类没有强大的天敌，诞生了过昼光性的生活，从而获得了三色型色觉（蓝色、黄色和红色）。

为什么是三色型呢？最有力的说法有果实说。解释三色型是说，在自然光下，通过观察自然生长的植物叶子和果实的颜色，判定能否进食，果实的成熟度也可以通过观察颜色，并在咀嚼时加以判断，进而三色型对于分辨腐败食物的颜色和具有毒性食物的颜色是最有利的。也可以说，正确地辨识颜色是人类经过漫长的历史演变，为了生存而获取的必要且不可或缺的重要功能之一。

物体颜色的呈现因光源的种类而不同。不同光谱的光源照射在同一颜色的物体上时，所呈现不同颜色的特性称为显色性，这一词汇的诞生，在荧光灯发明之后才有的，之前的白炽灯照射物体与荧光灯相比所呈现出的颜色是不同的。

20 世纪 60 年代，笔者的家里初次使用了荧光灯，虽然房间内异常明亮，但与那时使用的白炽灯相比，荧光灯下木制房间内的深木色也变得明亮起来。笔者至今还记忆深刻。

在人工照明发达的今天，光源的种类不断增加，光源的光谱能量分布形状（光谱能量分布曲线）稍有不同，显色性就会有所改变。因此，科学家们确立了真实呈现物体本来颜色的数量化评价方法，即以平均显色指数（Ra）为数量，最高值以 100 表示最自然呈现物体颜色。如果在同一空间里使用两种以上的光源时，应尽可能地使它们的平均显色指数（Ra）和色温达到统一，这样使物体看起来比较自然，不至于出现颜色不均的现象（图 1-11）。

LED 光源与荧光灯一样，因其优异的显色性和丰富的光色而得以面世。特别是在制造过程中，通过调整采用的荧光体能改变光谱能量分布曲线，放射出以往未曾有过的灯光效果。它不仅能单纯、自然、真实地呈现物体颜色，

(a) Ra 在 80 以上的呈现效果

(b) Ra 在 80 以下的呈现效果

图 1-11　不同平均显色指数下的物体呈现效果

还能制作出使物体色泽鲜艳的更靓丽的光源。例如，在暖白色波长中稍微滤除一些黄绿色，就可以使皮肤的颜色更显漂亮，或者使鱼肉也更显其美味，这非常适合于在食品店里采用。因此，多用于超市和百货店的食品专卖区，确实也使食物呈现出了鲜度和美味（图 1-12）。

图 1-12　呈现鱼肉鲜美的照明

然而，很多消费者买到精肉后带回家一看，肉的新鲜度下降，好像有被骗了的感觉。但如果家里的照明与店里使用的光源一样，就不会出现这样的问题。问题是用不同光源来呈现商品颜色的情况出现在了很多的市场和家庭里，久而久之哪一个是真正的商品颜色大家也就弄不清了，这使眼睛和大脑产生了混乱。

1.7　暖色光聚集人群

暖色光具有高度的集光性。例如，夏季夜晚农村的空地上，村民举行活动时点亮的电灯周围聚集了大批飞虫。飞虫围绕篝火，一不小心进入火中而被烧死。根据这一自然现象，日本就有了“飛んで火に入る夏の虫”（飞入火中的夏虫）的谚语，比喻如同夏天飞向灯火的虫子一样，自己主动投身危险境地去经历灾难的人。

夜晚活动的飞虫其实并不喜欢电灯的灯光或火光。它们大多是为了寻找自己的居所，而把月亮作为参照物。但当飞虫遇见黑暗中月光以外的人工光时，误把人工光当作月光而聚集在了其周围。

夜晚，对光敏感而辛勤劳动的不仅有飞虫，以前，笔者曾做过宾馆建筑外观的照明设计，是地处高原休闲地的宾馆。宾馆竣工不久业主就打来了电话，说是有多只候鸟因剧烈碰到建筑物而被撞死。于是人们开始调查原因。原来候鸟在飞行中是以北斗七星作为参照物的。当候鸟飞行中遇见被照亮的建筑时，误以为是北斗七星而发生了冲撞惨剧。

据说，北欧在一年之内约有 1 亿只飞鸟因人工光的原因迷失方向而导致撞死在建筑物上（《国家地理》，2001.1）。

人类也有聚集在光前的习性。从几十万年前的远古时期，人类居住洞窟生活时就以火光作为生活的中心（图 1-13）。用篝火驱寒取暖、烤肉充饥、驱赶野兽等。直到现代，人类也继承了用火生活的方式。例如，在北欧就有人们围绕旺火的暖炉而愉快地谈天说地；还有在放置有烛光的餐桌旁享用美餐的情景（图 1-14）。

图 1-13　原始人生活中不可或缺的火

图 1-14　在烛光旁享用美餐

1.8　灯光带来安全与艺术品

16 世纪后半叶，巴黎的夜晚完全被黑暗包围。一到夜晚，家家户户紧锁大门，若有外出也会被巡警叫住盘问，甚至当成罪犯。因为人们相信夜晚有

图 1-15　17 世纪巴黎街道的路灯

幽灵或邪鬼出没，所以一般情况下市民在夜晚是不敢出门的。然而，如有特殊情况必须出门的话，也要手持松明火把照亮；否则就有被逮捕的危险。

到了 17 世纪，巴黎的部分街道使用了蜡烛照亮的路灯，这也许是世界上最早的路灯了。该路灯 4m 高，30m 间隔排列于道路一侧。

直到今日，日本的住宅区路灯的设置高度和间距与 17 世纪巴黎的路灯基本相同，但光源却逐步改用了 LED。一盏 LED 路灯的光数量（光通量，单位为“lm”，流明）如果是 1000lm 的话，相当于 1 ～ 3lx（勒克斯）的照度。17 世纪巴黎使用的一根蜡烛（约 10lm）只有今天亮度的 1/100，可以想象比满月的亮度还要昏暗（图 1-15）。

图 1-16　点亮煤气灯的人（捷克布拉格）

19 世纪，欧洲工业革命风起云涌导致劳动力短缺，而产量却急速增长。人们为了寻找工作而从小地方赶到城市，城市的人口突然密集起来。于是，政府出于夜晚治安的需要，在大马路的中央设置了路灯（煤气灯等），道路逐渐变得明亮也更加安全了。当然，夜晚街上出去的人多了，也使社交场所——酒馆的生意兴隆起来。当时，在洋溢异彩灯光的夜晚街道的环境下，大量反映社交场所的艺术与文学作品也应运而生（图 1-16）。

1.9　人们的意识改变公共空间的照明

日本的公共设施与交通工具的照明设置得比较明亮且给人以安全感。然而，在这种所谓的舒适与美观的环境下，也会给人带来一些思考。比如说，道路照明和电车内的照明设计，还没有考虑到应该把人们的面部表情呈现到何种程度。特别是公交车内的照明，有不少光照使下班回家的人们疲劳的容颜更加凸显。

笔者曾从事过公共设施的照明设计，所以对公共空间的照明比较关注。之前曾对教授过的女子大学的学生进行过问卷调查，题目是“你对电车中的照明是怎样看待的？”虽然大多数同学对此题目不太关心，但还是有同学道出了不满的心声，“不喜欢晚上同男朋友一起乘坐电车，因为车内惨白且模糊不清的荧光灯灯光使对方的容颜失去光彩”。女生的回答确实让人有些出乎意料。

由于地铁内白天日光也无法照射进去，因此车内的照明对乘客面部表情有着很大的影响。笔者曾在伦敦和巴黎乘坐过地铁，无论哪里的地铁采用的都是暖色光，使白色人种的肤色看起来显得非常健康。

图 1-17　香榭丽舍大街的照明

举个例子，巴黎市中心的香榭丽舍大街上过往的行人看起来显得很漂亮，这在很大程度上是现代环境照明所营造的氛围所致。可是这条大街最初的照明并不是现在这样。据说这是巴黎市政府听取了市民的建议而带来的效果，即夜晚的照明要使经过大街的女性市民的面部和服装显得更加靓丽（图 1-17）。

路灯等公共空间照明的好与差，取决于市民对照明关心程度的高低。

笔者无论是对室内还是室外空间的照明都见得比较多了，在空间能丰富地表现人的面部表情的地方，其空间整体照明表现的效果也是很好的。

1.10　不关注光会带来烦恼

说到照明，亮度和作为室内要素之一的灯具设计更加引人关注。当然，亮度和灯具设计本身也是非常重要的。如果没有亮度，物体就不能很好地被呈现，如果照明灯具的设计与室内不协调，每天在这样的场景下生活，心情也不会愉悦。然而还必须考虑到照明表现的效果对人们的日常生活的影响也是巨大的。

在日本，说到住宅照明往往是指在顶棚中央安装的大型荧光灯或 LED 灯具，能使房间的各个角落统统被照亮。在了解了房间面积之后，选定适用的灯具型号就可以得到房间必要的亮度，所以谁都可以简单地选择，如果再有现成的灯头，即便没有电工资格也能安装灯具。这样虽然房间确实明亮了，但房间内的环境氛围却不太让人满意（图 1-18）。

（a）直接安装于顶棚的居室主照明（白光）

（b）增加顶棚以外的灯光且用暖白色光来改善环境氛围

图 1-18　对灯光照明进行合理设计可以提升室内环境氛围

现实生活中又有多少人在关心照明设计、享受着照亮空间的乐趣呢？在很多情况下，即使是新型住宅，大多数照明设计也是委托住宅开发商来完成的，基本上是根据预算的多少来选定办公类型的灯具。业主（甲方）即使对照明有个性化需求，也往往得不到满足。

比方说，业主希望在房间内边听音乐边悠闲地生活，即使对照明要求迫切，但如果不对住宅开发商及时、准确传达的话，想要得到自己满意的照明效果也非常困难。例如，想要得到有利于舒适睡眠的照明，而寝室的照明却适得其反，达不到所希望的效果。当然，如果能够遇见好的住宅开发商，并告知自己期待的照明诉求的话，还是有可能实现的，只是比较少见。

另外，市面上出现了带有调光功能的照明灯具，但作为生活在其中的业主如果不关心其操作内容，那么灯具也不能发挥其最大的作用。

照明灯具一旦安装完毕，要使用 10 年时间才会更换。如果在最初阶段对照明设计不够重视，很有可能低质量的照明条件会对我们的生活带来很多负面的影响。遗憾的是，现在很多人对于这种影响还没有引起足够的重视。如错误的光照已经导致居住者视力低下，可是照明条件还是不随之做任何改变的话，会给居住者的生活带来更多的影响。

我们的生活不应被照明牵着鼻子走，应该让照明成为我们生活中的好伙伴，为此今后我们必须对照明设计更加重视。

Chapter2
与照明结为伙伴

在电灯照明问世初期，灯光的亮度还比较低。伴随着时代的发展，人们在不断满足灯光的亮度需求之后，便开始关心像光色（色温）、显色性、抑制眩光等光质的问题。进而随着照明技术的不断进步，光源的种类也在逐渐增加，照明表现效果的选择范围也越来越宽泛。其结果是人们更加追求光的艺术性和健康性。于是，光源和灯具厂商也在努力开发适合其要求的产品。通过收集这方面的信息，探索如何使照明成为我们生活中的好伙伴，从而改善日常生活的质量。了解这一点并付诸实施，会使我们的生活品质大大提高。

Chapter 2 与照明结为伙伴

2.1 视觉作业护眼照明的 5 个条件

利用眼睛工作（视觉作业）的桌面照明一定要使用台灯。现代人们使用的台灯几乎全部是 LED 灯。与以往的光源相比，LED 灯具体积小且薄，所以灯具的设计也变得越来越简洁精炼。

图 2-1 折臂式台灯

台灯中广泛使用的是带有反光罩和折臂的形式，由于光源的高度和位置可以在一定范围内自由调整，因此能够根据视觉作业的内容得到适当的亮度（图 2-1）。

台灯因设计与性能不同其种类多种多样，我们经常因为不知选用哪种好而感到困惑。下面介绍台灯对眼睛有益的 5 个要点。

1. 亮度充足且大面积照亮

因视觉作业人的年龄、工作性质、作业时间等的不同，所需要的环境亮度是不一样的。如果长时间在亮度不足的环境下，眼睛的负担就会加重。因此，对于像书房等学习的房间里，台灯的高度与视线应基本相同，约 40cm。图 2-2 是照度与灯光扩散的理想数值的最低限度。

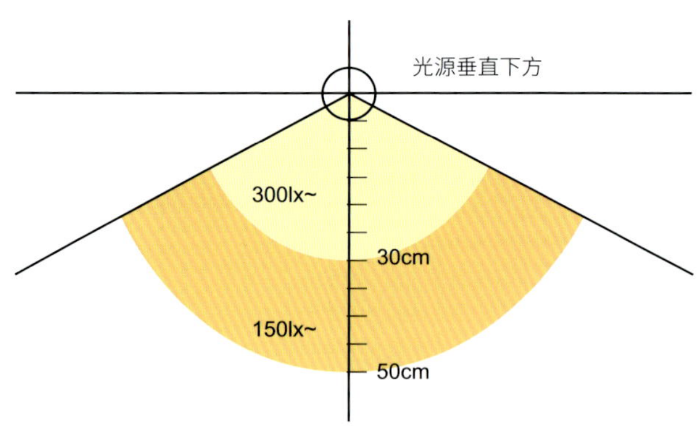

图 2-2 荧光灯 A 型（LED 灯具与 A 型相当）的亮度与灯光扩散

一般情况下，桌面上的面照度分为一般型、A 型和 AA 型 3 种。一般型是指对桌面上的照度没有什么特别规定。日本工业标准（Japanese Industrial

Standards，JIS）中规定，比起 A 型来说，AA 型的面照度最明亮。A 型虽然比较明亮，但是在进行精细视觉作业时，还是推荐使用 AA 型局部照明的放置式台灯。

要想得到与荧光灯 A 型同样亮度的灯具设计，选用大致相当于白炽灯 60W 的 LED 台灯（6～8W）就可以。眼睛因明亮和黑暗的不同而缩放瞳孔（就像照相机的光圈）的大小，因此反复调节瞳孔大小而使肌肉（瞳孔开大肌和瞳孔括约肌）过度伸缩易使眼睛疲劳。特别是长时间视觉作业，一定要使用台灯，而且不要忘记事前设置好房间内的整体亮度。这种房间内整体照亮的照明称为工作环境照明（图 2-3）。

另外，A 型是以日本工业标准规定的亮度，若是精细的视觉作业可以用 A 型以上的亮度 AA 型得到。然而，过于明亮的照明会使瞳孔收缩的肌肉常处于紧张状态，导致眼睛容易疲劳。眼睛疲劳还会引起头疼、肩酸疼、倦怠感等病状。

（a）工作环境照明

（b）只有工作照明

图 2-3　工作环境照明效果对比

2. 灯光不刺眼

无论明亮到什么程度，只要眼睛直接看到灯具内的光源或发光部分就会感到刺眼而影响到视觉作业。另外，台灯放置的位置不当会使计算机显示屏上出现反射眩光而看不清。大多数折臂式台灯可以调节灯具的照射角度，从而避免了上述灯光刺眼的问题。

3. 改变光色

LED与以往的光源相比容易调光、调色，最近的台灯几乎都具备这些功能。一般视觉作业在进行1～2小时之后最好休息10分钟左右。比如说，可以把工作时使用的白色光改换为白炽灯那样的暖白色光并把照度降低。

4. 选用显色性好的灯光

即使是一般的视觉作业条件下，显色性的平均显色指数Ra也要求在80以上。当要求细微区分不同的颜色作业时，平均显色指数Ra最好在90以上且在明亮的光源下进行。

5. 调暗灯光恢复视力

曾有电视台举办视力测试的节目，在光线暗和光线亮的地方各安排两名大学生，阅读文字很小的书2小时，然后再测量这4个人的视力有何变化。其结果是在暗环境下阅读的两人视力下降。然而让眼睛休息了几分钟之后再次测量视力，视力却得到了恢复。长时间在视觉作业照明的环境下工作，有必要每隔1～2小时休息10分钟左右。眼睛休息恢复视力的方法有很多，其中比较好的方法是降低房间内整体的亮度，闭上眼睛，想象正在眺望远方景色的情景。

2.2　无频闪的LED照明

一般照明用LED属于交流点灯且高频点亮、熄灭。白炽灯虽然是交流点灯，但由于钨丝过热且常处于发光状态，因而使人眼感觉不到点亮、熄灭。以下简单介绍有关频闪的内容。

LED点灯方式分动态（Dynamic）和静态（Static）两种。前者没有时常电流流动，是以高频高速点亮、熄灭，利用眼睛里的视觉残留，给人时常点灯的感觉。然而，作为日本商用频率的50Hz或者60Hz的低频，虽然人眼感觉不到，但是对于视细胞来说还是能感觉到有频闪。因此，长时间在这种光照下进行视觉作业，或者对光敏感的人来说，就会出现眼睛疲劳等症状。

动态方式点灯抑制了电能的消耗，使光源使用寿命延长，因此 LED 广为采用。而静态方式是属于时常电流持续流动的点灯方式。

照明的表现效果之一就是可使亮度在 0 ～ 100%（有的产品为 5% ～ 100%）之间连续调节而改变亮度。

以往的白炽灯调光利用的是相位控制，采用的是能直接打开与关闭交流电压的开关元件。通过调节安装在调光回路中电压开关与时间的同步（相位）来改变亮度。简单地说是改变电压的方法。相位控制一般用于住宅这种较小规模的空间照明；缺点是如果调光范围设定较大，频闪就比较明显；电源电压一旦变动，就会影响到照明的亮度。

与白炽灯调光不同，LED 调光一般是通过脉宽调制（Pulse-Width Modulation，PWM）来实现，是通过精细调整 LED 照明点灯和灭灯的时间来控制亮度的方式。由于反复点灯和灭灯，易使人眼认知到频闪，但当点灯和灭灯的频率很高时就不易察觉到。虽然眼睛察觉不到点亮和熄灭，但是视细胞却有知觉。这种频闪有学者认为是对人有害的。“临界融合频率以上的点灯和灭灯的刺激，对亮度知觉会带来影响。”（森峰生、畑田丰彦 . 映像情报媒体学会志，1998 年）。

现在的照明厂商对 LED 照明的高频所产生的微小频闪可以通过无线网络系统加以置换，利用智能手机和平板电脑来控制高频波的方向。可是从健康的角度来看，电磁波的产生终究对人的身体不是好事。

2.3　盗贼害怕光和声

日本可以说是治安比较好的国家之一，但即使这样，每天也会发生抢劫和杀人事件。另外，像入室盗窃（或称溜门撬锁）也是时有发生。因此，电视上也对容易被盗的家庭进行提醒并提示如何防范。

比如行人较少地方的住户要注意夜晚的灯光照明，回家路上注意潜藏的黑暗死角。在回家较晚或将要出门旅行之前，可以安装与定时遥控器相对应的照明灯具，通过这个设备可以根据所设定的时刻对灯光进行点亮和熄灭，从而营造家里有人的情景，同时也节省了电能。设计师还通过对设备进行改进，增加了具有学习功能的遥控器，可以利用智能手机遥控对应的照明灯具和空调等，用于旅行中或回家晚的情况。

另外，夜晚的小径和后门容易成为窃贼侵入的死角，因此有必要安装附有传感器的照明和监控探头。当家门口有可疑的人徘徊时，智能手机的动态画面就会自动切换到监控探头监控的区域内，实时监测住宅周围，同时也能同步听到所发出的实时声音。

独门独院住宅容易有很多阴暗的死角，而且庭院越大死角就越多，这对于防盗都是不利的，因此有必要照亮庭院。庭院照明本来是为提高环境氛围和表现效果设置的，但防范的作用也应考虑进去。优先选择照明效果的是使用高大树木的投光灯和用于草坪的低位置型草坪灯（高度 1m 以下）。如果要考虑防范因素的话，推荐使用乳白色球形或玻璃杯形的低位置灯具，这样灯光不仅能照亮草坪、花草和脚下，还能通过全方位的照明照亮可疑人的面部（图 2-4、图 2-5）。

图 2-4　低位置型的草坪灯

图 2-5　只是照亮脚下的草坪灯

防范意识再强一些的话，可以通过设置有人传感器，使带有警告音的闪光防犯灯处于工作状态，从而使可疑人接近住宅时胆战心惊。另外，还可将照明开关设置在寝室枕边的位置，在深夜庭院熄灯的情况下，如果听到外边有可疑的声音，让所有庭院的照明一起点亮，对于窃贼来说，最害怕的就是突然亮起的灯光和响起的声音。

2.4　1/*f* 闪烁光下求舒适

知道什么是 1/*f* 波动吗？是蜡烛的火焰、小河的流水声、萤火虫的发光等自然现象中所看到的一种在局部呈无序状态，而在宏观上具有一定相关性的、使人感到舒服的波动。1/*f* 波动效果的奥秘虽然在科学上还未弄清楚，但体感上述波动效果还没有人感到不舒服。

像这种波动效果就是“振动”或“变化”的意思。f为频率，简单地说，就是声或光的变化能用所有的波长表现出来，其波长的规则性和不规则性对人的心理和生理会产生很大影响。作为自然界一部分的人类生命中的节律，还有像体温的变化、呼吸数、眼睛的动作、脑波（特别是 α 波）中都被验证出有 $1/f$ 波动。

那么，为什么 $1/f$ 波动能使人感到舒适呢？有一种说法就是它与人在安静、愉快时的脑电波及心跳周期等生物体信号的变化节奏相吻合，是一种与人的情感、感觉有着密切关系的波动。

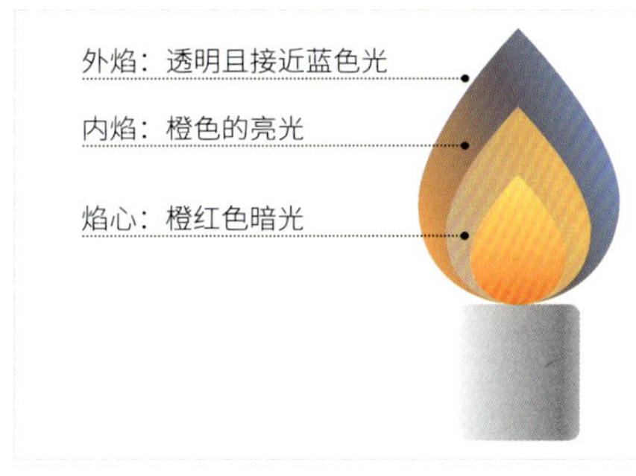

图 2-6　烛光的火焰

照明中最容易发现的 $1/f$ 波动是烛光。闪烁的烛光焰心为橙红色暗光，内焰为橙色的亮光，外焰为透明且接近蓝色光，只要稍微离开一点距离一直观察的话，那闪烁的火焰使人心情愉悦而百看不厌（图 2-6）。于是人的心情充满愉悦，激发出不可思议的力量使疲惫的身心得到平复。

欧美人在与朋友和家人围坐在一起谈天说地时，是少不了闪烁的烛光的，据说即使白天也是如此（图 2-7）。在这种自然闪烁的烛光氛围下，家庭、友人之间的关系也显得更加亲密。而在没有什么变化且光的规律性很强的荧光灯下，人的心境不时感到单调乏味。相反，空间里的光若无规律地变化，人们就会感到有些头痛。相对于以上的 $1/f$ 闪烁光使人既不感到单调也不凌乱，正是这种恰如其分的特殊波动的光使人的心境感到如此美好。

图 2-7　聚餐时餐桌上摆放烛光

最近，市面上虽有外形酷似火光摇曳的 LED 烛光灯销售，但这种 LED 烛光灯的火焰大多显得过于规则单调，不似 1/*f* 闪烁光，它与真正的烛光相比就显得质量低劣，但与实际火光摇曳完全相同的 LED 灯具也是有的。例如，有的 LED 煤油灯的技术已过关，即使是长时间在这种光下也不感到乏味。

这种 LED 煤油灯的光源隐藏在乳白色灯罩内，虽然眼睛直接看不到火焰，但透过灯罩还是能看到摇曳的光影。这是利用了暗号化技术的随机信号，灯光更接近实际柔和的煤油灯光，可长达 150 天周期不重复闪烁变化。笔者也曾参与了这项产品的设计，从而真正感受到了那摇曳的煤油灯光的氛围（图 2-8）。

平时有 1/*f* 闪烁光相伴，大脑会得到很好的休息。

图 2-8　LED 煤油灯及其闪烁光印象（中国三雄极光出品）

2.5　排除眩光提高工作效率

20 世纪初，美国开始研究照明中有关眩光的问题。眩光就是“刺眼”的光。关注眩光是以白炽灯亮度逐年递增为契机的。最初白炽灯的亮度只是比烛光和煤油灯稍微亮一点，即使看到点亮了的裸露电灯泡也不会感到灯光刺眼。可是，随着年代的推移，白炽灯泡因功率提升而变得越来越亮，灯光也就越来越刺眼。

20 世纪 20 年代，为了避免裸露灯泡灯光的刺眼，使肉眼看不到发光部分的灯丝，诞生了扩散灯光的磨砂玻璃白炽灯泡。市场上灯泡不外露设计的乳白色玻璃球形照明灯具也开始多见。

随着对眩光研究的不断深入，出现了“不舒适眩光”和“失能眩光”等词汇，其不同点显而易见。“不舒适眩光”是对心理的影响，长时间刺激眼睛的话，会使眼睛疲劳而不舒适。而“失能眩光”是对眼睛机能的影响，属于生理上的问题，这是由于视野内高亮度光源的杂散光进入眼睛时，导致瞬间可见度下降，甚至暂时丧失视力，与光晕现象相似。

20 世纪 60 年代，荧光灯的使用在日本已经普及。荧光灯与白炽灯相比，发光面积大且光线柔和，所以灯光没有那么刺眼。可到了 20 世纪 70 年代以后，由于写字楼和工厂车间里的高强度作业增长，致使精细视觉作业量也随之猛增。为了提高工作效率而使照明向着高照度化发展。于是，顶棚上的荧光灯数量增加，人们从通常的视点来观察，看得见（裸露）的荧光灯灯具也变得具有眩光感。虽然荧光灯发出的光是柔和光，但 1W 的光数量比白炽灯要高出好几倍，因此眼睛注视荧光灯的话，也会感到非常刺眼。因此，防眩光照明开始引人注目。

对眩光敏感的欧美人，在办公空间里多选用看不见灯管且附有格栅的荧光灯盘。此种灯盘虽然比灯管外露的灯具电能消耗要低，但在经过研究改进格栅材质和做工之后，开发出了极少降低发光效率的高效率防眩光型荧光灯盘（图 2-9），与下方开放的相比，防眩光型荧光灯盘亮度虽然降低了 20%左右，但几乎没有眩光，对眼睛有利。此种灯盘的单价较高，开始企业经营方对采用与否持有疑问，可是从舒适的照明空间使从业人员提高工作意识，以及降低眩光而使工作上减少失误等作用来看，确实给经营方带来了利益，因此防眩光型荧光灯盘在以欧美为中心的地区得到普及利用。

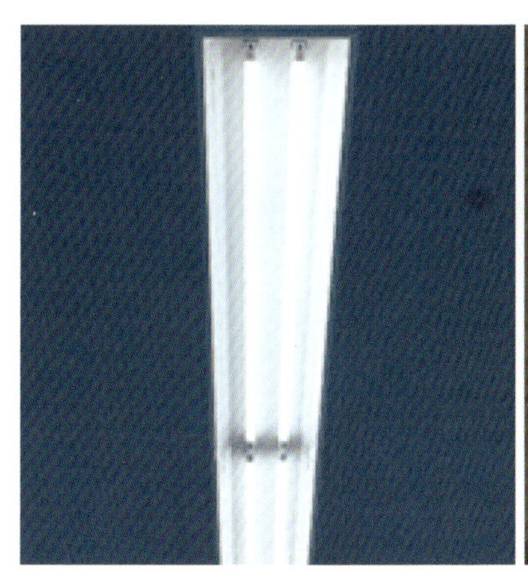

(a) 下方开放的荧光灯盘

(b) 下方附有镜面格栅的荧光灯盘

图 2-9　两种荧光灯盘对比

另外，即使是同样的光源，光源与眼睛的距离、周边亮度、照射角度不同，眩光感也是不一样的（图 2-10）。还有，一般情况下老年人比年轻人对眩光更敏感。日本的办公空间比起欧美来说防眩光型照明灯具并没有那么普及，这说明经营者对照明的关心程度还远远不够。然而，伴随老龄化社会进程的加快，人们视力普遍减弱，防眩光照明灯具会给我们带来很多益处。

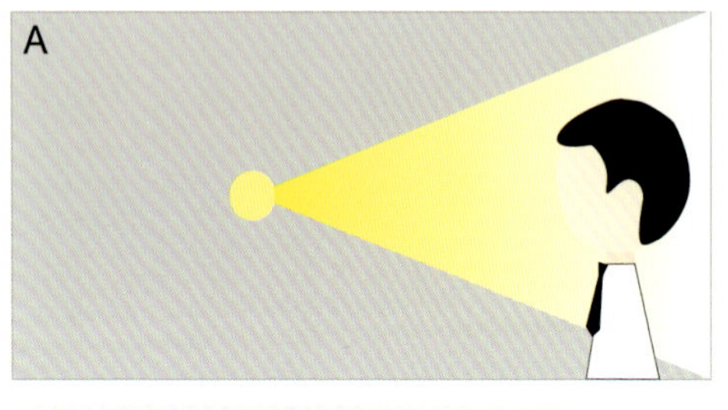

（a）外观大且明亮的发光体（刺眼）

（b）在暗处看到明亮的光 (刺眼)

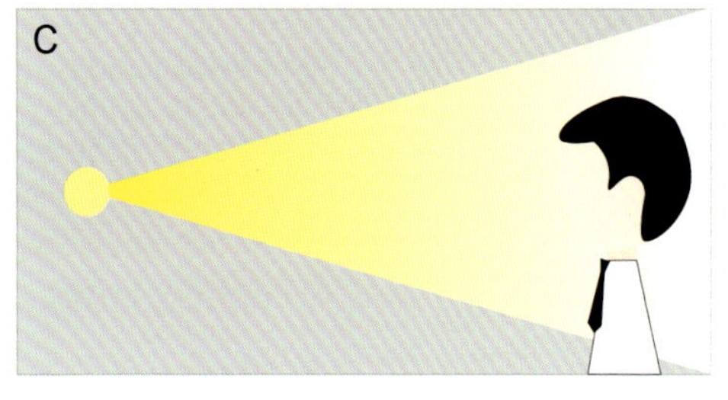

（c）在昏暗处看到稍微明亮的光 (稍微刺眼)

（d）在明亮处光线与视线偏离 (不刺眼)

图 2-10 “光与周边环境”所带来的眩光感

2.6 用闪耀光平复情绪低落

日语中有一些描述光辉的词汇，如“煌々（こうこう）”（辉煌）、“きらきら”（闪烁）、“ぎらぎら”（闪耀）、“燦々（さんさん）”（灿烂）、“ちらちら”（一闪一闪）、“赤々（あかあか）”（通红）、“仄々（ほのぼの）”（模糊）等。其中“きらきら”和“ぎらぎら”的明亮程度是完全不一样的。

“きらきら”的明亮多指像星星、宝石、水面上反射阳光那种小面积的光辉，以及由其带来的心境舒适与美好；而“ぎらぎら”是指眼睛想要躲避的眩光那样的强烈光的明亮。

过去的人在结束白天的生产活动之后，从晚饭到就寝这段时间一定是一天中最幸福的时光。今天，我们想象不到在没有电灯的时代，晴天夜晚的星星布满天空的样子。那样的明亮对人感到舒适、愉悦起到了积极的作用。

图 2-11　圣诞节的灯饰

为什么会这样说呢？原来人脑是在适应自然环境的条件下进化的，人脑对长期见惯的明亮景色会快捷地进行处理，这种处理速度在脑科学中与“舒适”紧密相连。如果现代人继承了这种感觉的遗传基因的话，用水晶玻璃设计的枝形吊灯和圣诞节上的灯饰、焰火等的光辉，当然就会使人脑得到反应并感到舒适（图 2-11）。可是，现代的人脑对有关光亮的感觉进一步进化，仅靠光亮是很难传达其美感的。

虽然闪耀光对于高涨的情绪可以说是不可或缺的光，但使人更加心动且具有一定规模的闪耀光设计才是我们所追求的。例如，最大限度的使用量且具有故事情节的彩色灯饰，以及与光雕投影的共同演绎，通过多种设计，达到至今人们从未见过且美轮美奂的灯光效果，从而丰富人们的精神世界。

2.7　镜面照明呈现丰富面部表情的三要素

相信有些女士一定会有这样的体验，本来想的是在家里化妆一定很完美，但一到了外面照镜子时却发现“哎，怎么跟家里化的不一样呢？”心情不免有些低落。其实这完全是因为照明的缘故。

上述是围绕如何使自己看起来更漂亮这一话题，在电视台采访某位女演员时的对话。她担心摄影棚照明所使用的射灯会使面部产生浓重的阴影，所以事前把能产生柔和光的个人照明（只是照亮自己的照明灯具）隐藏在台桌内。殊不知，正是这种柔和光的参与，才使得只用射灯照亮产生的生硬面部表情变得柔美动人。

杂志、电视和网络等有关如何使人看起来显得年轻、漂亮的方法虽然很多，但真正关心照明的人却很少。

曾经对 102 名平均年龄约 30 岁的人进行过问卷调查，题目很简单：“您意识到自己的面部表情和装束打扮与照明有关吗？”调查结果是，回答“有关”的 28 名（男 8 名，女 20 名），“有时有关”的 47 名，“无关”的 27 名。因为调查的人数比较少，所以这个统计数据是否有说服力暂且不论，起码有接近 25%的人认为自己的容颜并没有因照明而改变。但无论选用多么高档的化妆品，化出来的妆多么好看，只要对着镜子一看，好坏全凭照明。

据说女士从清晨、下午到晚上至少要化 3 次妆，且多是在自家的寝室或起居室里化妆。早上上班前，无论在哪里化妆，建议在自然光充足的窗户附近，也就是面向窗户使光线完全照射到面部比较理想。至于在那些自然光照射不到的房间里，化妆就只能靠镜前灯了。镜面照明的三要素是“选择光源”“亮度”和“光的方向”（图 2-12）。

（a）光的方向在头部上方（脸部有眼镜的阴影）

（b）用百老汇镜前灯照明效果良好

图 2-12　不同镜前光照明面部对比

“选择光源”重要的是要能呈现出健康且漂亮的肌肤。从前使用的多是白炽灯，而今天推荐采用显色性好且尽可能滤掉黄绿色波长的光谱、呈现肌肤之美的 LED。呈现女士肌肤漂亮的光源一般是以平均显色指数和特殊显色指数的肤色呈现的两个方面来加以评价的。

“亮度”最好是尽可能地明亮。如果环境光线昏暗，妆会化得比较浓。

“光的方向”是指不要在面部产生阴影，一般是在镜子的上部或两侧设置带乳白色灯罩的镜前灯。还可以在镜子周围等间距设置灯泡（百老汇照明，主要用于演员在登台演出之前化妆用的镜前灯光）这种类型的镜前灯。但值得注意的是，如果这种镜前灯的光源选用LED，就会感到刺眼，映入镜面的面部反而不容易看清（图 2-13）。

图 2-13　百老汇（Broadway）照明

了解化妆后出门目的地的照明情况是非常重要的。例如，工作单位的照明基本上都有室外自然光的参与，因为使用的是荧光灯或 LED 灯具，所以最好在有室外自然光的房间里化妆。当工作结束去吃饭时，由于餐厅里的照明多采用暖白色光，因此建议在显色性好的低色温光环境下化妆比较合适。

另外，荧光灯和 LED 灯的平均显色指数与色温即使相同的话，有的光色中也略带粉红色光或黄绿色光。一般亚洲人的肤色用粉红色光比黄绿色光所呈现出来的效果要漂亮。特别是市面上销售的 LED 灯，因厂家与产品的不同会略有偏色，在选购时要加以注意。

最近，镜子周边设有“有机 EL”的镜前灯非常受人喜欢。有机 EL 光源本身呈面发光，灯光柔和、视觉舒服，即使是直视光源也不会让人感到刺眼。因为可以调光、调色，所以只用一盏有机 EL 镜前灯就可以再现接近外出各种场合的照明灯光。现在，并不是所有的地方都设置了这样的镜前灯，在大型商业设施和车站等公共场所有望率先设置。

镜子里映出的自己是否漂亮影响到一天的心情，为了高质量地过好每一天，还是关注一下镜面照明吧！

2.8　服装颜色不失真的方法

在家里反复试装，力求与皮包和皮鞋的色彩搭配，可是出门在户外光下一看，它们的色彩不像在家里那样，完全不是那么回事，再加上旁人的另眼看待，情绪不免有些低落。特别是黑色和深藏蓝色在照明下很难区分。

一般日本男士工作时穿正装，上下身服装成套的比较多见，因此在穿着

上基本没有什么色彩不搭的情况。可是女士上下身服装的色彩搭配是因人的品位而决定的，这样说并不过分。因此，为了出门后不露怯，出门前试衣是一项重要的工作。特别是穿着新买来的服装首次出门，心里不免有些紧张。虽然在商店里购买时看清了服装的颜色，但走出商店以后再看服装，发现室外自然光下服装的颜色与在店里时有些不一样。这是因为商店与家里的照明、室外自然光各自的光谱能量分布和亮度不一样所造成的，这就是分别照射在同一件衣服上色彩不同的缘故。

另外，有光泽的物体质地不仅与颜色有关，还与光的指向性有关。举个极端的例子，被照物在用间接照明和附有乳白色灯罩灯具的柔和光照明时，其质感是不容易显现出来的，而像太阳光那样的高亮度光或者没有灯罩遮光的 LED 灯具照明时，被照物就会显得非常鲜艳。

随着 LED 照明的普及，照明厂商制造出不仅追求产品特色且忠实于被照物本来颜色的高平均显色指数，而且还能使开发出来的光色让白色物体显得更白，凸显深藏蓝与黑色的微妙差异等更先进的 LED 灯。

最近，笔者对一些服装店试衣间的照明情况进行了体验，着实感受到灯光不同衣服所呈现的颜色也不同。聪明的人不单是利用店内的灯光确认服装颜色，还要通过射进店内的室外自然光一起辨别确认。

总之，通过因光源不同而使服装呈现出不同颜色的体验，使我们认识到，我们需要充分掌握辨别服装真正的颜色本领。

2.9 夏日凉爽且舒适的照明术

受全球变暖的影响，东京和北京的夏季也变得很长，酷暑日也在增多。有时甚至到了夜晚气温也不下降，不连续开空调的话简直无法入睡。这时不免想起靠电风扇度夏的岁月。盛夏的夜晚，房间里的照明也会使人感到酷暑难熬。在这种情况下，如果稍微利用一些照明的技巧，就能体会到凉爽的感觉。然而，照明当然不能像空调那样设定温度，但是可以通过选择光色来营造凉爽的环境氛围。

传统光源的白炽灯的暖白光给人以温暖的感觉，其电气能量约有 90%产生热，转换为光的仅有 10%。于是，室内顶棚上的白炽灯照明不仅有光而且还有大量的热被散发出来。一到夏日，即使照度设定得稍微高些，也会给人以酷暑闷热的印象。可是这样的照明到了冬季却会使人感到舒适。

一般荧光灯与 LED 照明的光色主要有 5 种，包括暖黄色、暖白色、白色、冷白色、日光色。荧光灯与白炽灯相比产生热量少，到了 LED 照明时代优点会更多，进而可以说 LED 是夏季照明的首选。

下面介绍利用人的体感温度的照明方法。

某照明厂商用同样亮度的暖黄光和冷白光荧光灯对人产生不同体感温度进行了实验，在有空调设定的情况下，其结果是冷白色与暖黄色相比大约低了 1℃。别小看这 1℃，若在夏天换算成消耗电能的话竟然能节电约 10%。

体感温度即使在室内气温相同的情况下，因不同的湿度和气流等因素，人们对暖或冷的感觉程度也是有变化的。然而，湿度和气流对于人的体感温度的影响还不算大，光色和照度才对人的体感温度有着很大影响。

前面说到，虽然在夏日的房间里最好点亮冷白光的照明，但住宅的整体照明（顶棚上的灯光照亮房间各个角落，使房间整体均匀照亮的照明）容易使房间里的氛围显得比较阴郁。即使在房间里感到凉爽了许多，但环境氛围不理想，照明效果也会大打折扣（图 2-14）。

（a）虽感凉爽但阴气较重

（b）感到凉爽的同时再增加一些树阴会更感舒适

图 2-14　不同光色对室内环境氛围的影响

因此，可以把整体照明的冷白光荧光灯或 LED 灯稍微调暗些，在一些必要的地方设置 1 ～ 2 盏暖白光的局部照明。从日常生活的视点来看，局部照明设置的位置比人站立时的视线要低，与头上方的灯光不同，即使是暖白光

其酷热感也相对较少，房间内的氛围也一定会好许多（图 2-15）。

图2-15　低位置的暖光会减弱闷热感

2.10　用眼睛享受美食

由于工作的关系，笔者曾受一些同仁之邀，在他们公司的食堂用过几次餐，饭菜的味道因公司而异。无意中在杂志上称赞了公司食堂的饭菜味道而得到公司的感谢被吃请，心里感到很高兴。食堂的食材的确是从知名产地订购的，味道非常讲究。可是食堂的环境与餐厅的环境氛围相差甚远，照明也是采用明晃晃的白色荧光灯，简直就像在办公室里用餐那样单调乏味。

饭菜的味道不仅取决于味觉，还有嗅觉、视觉等 5 种感觉，若是欠缺其一种的话，那么辛苦做成的美味佳肴就得不到预期的效果，特别是用眼睛享受美食时，光的表现效果起到至关重要的作用。

笔者也曾有带上盒饭外出旅行的经历。在有阳光的地方或有树叶空隙照进来阳光的地方用餐会感到格外味美；相反，在阴天下用餐，饭菜就会显得没有那么鲜美。

那么，为什么在太阳光下用餐饭菜会显得味道鲜美呢？这是因为太阳光线包含了丰富的色彩，被照射的饭菜能够呈现出其所有的色彩。另外，太阳的亮度非常高，使饭菜的表面具有光泽而更加凸显美味的艳丽，进而温暖的色光可以传递出饭菜的美味。这样视觉信息更优先于味觉信息而传达到大脑。

在家用餐的时候，像早餐享用诸如可颂面包、牛奶咖啡、草莓等，再加上太阳光那温暖的色光使食欲大增，同时也可以正确地调节身体内的生物钟。午餐也建议在尽可能使自然白天光能够照射进的地方享用。晚餐和夜宵推荐采用白炽灯，或者用紫光 LED 加上暖白光 LED 照明。

用餐场所应力求营造与家人和朋友能够愉快地谈天说地的空间环境。高级餐厅不应采用荧光灯那种平淡的灯光，而要采用白炽灯或显色性好的 LED 照明，这样不仅能够呈现食物的美味、围坐餐桌人们面部的丰富表情，还能映射出葡萄酒杯、餐叉、餐刀等餐具的质感，从而增强人们的食欲。在这种灯光环境下，餐桌的设计和用餐场所的室内装饰设计也是非常重要的。

一般情况下，用餐时暖白色灯光可以提高肠胃蠕动并有助于消化。而白色灯光由于可以提高味觉，所以比较适合于厨房操作间的场合。正是由于这些照明灯光的有力配合，才有利于我们烹饪出美味佳肴，从而使我们的食欲进一步提升（图 2-16）。

（a）蓝色光食物看起来没有食欲　（b）暖白光有助于肠胃蠕动并消化

图 2-16　不同光色对食物显现的影响

2.11　悠闲时的暖色光

随着年纪的增长，会感到一天的时间过得非常之快。懵懂小时候的 1 年觉得很漫长，但到了年富力强的 40 ～ 50 岁时就会感到日子过得只是瞬间。

这不仅是笔者的感觉，估计大多数人都有同感吧。这种现象从心理学上有“雅内法则”之说。虽然这是19世纪法国哲学家雅内（Pierre Janet，1859—1947年）首先提出的，但还没有充分的科学根据（图2-17）。

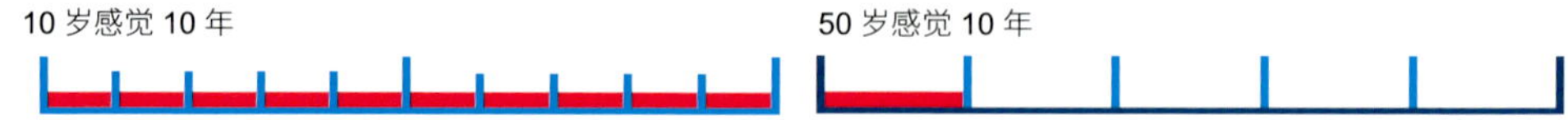

图2-17　雅内法则（1年为分子，自己的年龄为分母）

然而，从笔者的观点来看，年轻人体温高且新陈代谢处于比较旺盛的状态。另外，玩一样的活动时间比起慢节奏的悠闲时间要充裕，一天过得充实且觉得过得非常快。也就是说，一天24小时也许会感到只有23小时那样。实际1天的时间比起自己感觉1天的时间要晚1个小时，所以就觉得实际的时间过得比较慢。

相反，精力旺盛的成年人总感到时间不够用而一直努力着，觉得1天不只有24小时，于是感觉的时间比实际的时间过得要快。这样日复一日，就会觉得光阴似箭。

笔者以前曾经设想“如果照明不同的话，时间的流逝会改变吗？”并进行了实验。被实验者是20名年龄在25～30岁之间的年轻人，有10种照明情景，分别对每一种照明情景进行实验。当被实验者认为到了10秒钟时按秒表。虽然取样较少，实验方法也谈不上很科学，但结果是多数人在整体照明为白色光时超过10秒按秒表，暖白色光时不到10秒按秒表。也就是说，白色光时实际的时间比自己感觉的时间过得要快，而暖白色光时自己感觉的时间要比实际的时间稍微超前一些。

另外，非日常的照明表现比起一般的照明对身体代谢要好，可以达到让时间流逝慢的效果。与每天过同样生活的时间相比，旅行外出时一天的愉快感觉是短暂的，但反复过这种日子的话，却感到是度过了充实且漫长的一天。

在旅游胜地享受美味佳肴也是一大幸事，在室内装饰和照明设计讲究的宾馆或旅馆的餐厅里用餐，无意间度过的美好时光之后才注意到时光如梭。慢慢咀嚼饭菜，即使是吃得较少也会有饱腹感，这也是长寿的秘诀之一。

2.12　顶棚明亮有利于用脑

距今数百万年前，类人猿经过进化成为了猿人。之后，又进化为会利用火的原人。大约10万年前，出现了两足直立行走，能够用手制作生活中必要工具的新人。由于直立姿势使承载头部的重量稳定，从而减轻了颈椎因支撑头部的负担。

四足动物由于是上身向前弯曲而行走的，因而支撑头部的颈椎负担很重，其结果使流向脑部的血液循环很差，从而延缓了脑部发育。

人类如果也是一直猫腰生活的话，那么流向脑部的血液循环就会很差，脑和与脑紧密相连的眼睛的机能就会大大降低。

现代人的学习或劳动的姿势是上身向前弯曲的。然而，即使我们在不工作的时间里，也常常是以朝下的姿势玩弄手机。久而久之，致使面部肌肉松弛下坠而显得老相。另外，头部总是朝下使呼吸不深而导致呼吸次数增加。呼吸数量增加容易引起原因不明的烦躁不安。

为了矫正这种不良姿势，我们可以时常抬头朝向室内顶棚，使头部得到休息。有意识地使头部肌肉（胸锁乳突肌）放松，动作虽然简单，但每天坚持下来却不容易。

笔者每年都会出去旅行几次，领略自然景观和历史遗迹。其中不乏教会的大教堂和寺院的礼拜堂那高大的天井，从宽大的高窗射进的自然光而呈现出特别的光景。这时人的头部自然会向上仰望。平常向前下方的头部向后弯曲，使颈椎得到伸展的同时，也促进了脑部的血液循环。

朝向天空而壮观的教堂天井压倒了到访者的气势，进而安静且清净的气息更凸显了祈祷的空间效果。从前的建筑师在设计时，莫非也是为聚集在教会和寺院的人们矫正姿势而考虑的吗？

不要仅限于教堂和寺院，建议在天井高大的室内空间也用照明来照亮天井。当人们进入室内的一瞬间，首先映入眼帘的是明亮的天井，当目光频频投向天井时，有益头部的活动也会随之增多（图2-18）。

图2-18　照亮天井的明亮教堂（比利时布鲁塞尔）

2.13 用光培育和收获食物

随着世界人口的不断增长，再加上地球变暖带来的气候变化，将给人类带来粮食等农作物供给不足的巨大担忧。现在，虽然世界上的食物产量与人口数量还算平衡，但是平均每九人中就有一个人处于饥饿困苦的状态。这是因为人类虽然有了加工、冷藏食物的技术，并在世界范围内运输、销售食物，但是在那些交通网络不完备、贮藏技术不成熟的地方，食物还运送不到那里。

据测算到2030年，世界上食物的需求量预计将成倍增长。可是，提高农业、渔业、畜牧业生产量的环境却日益严峻，如果不引入新的科学技术，增加粮食产量将是非常困难的。

因此，现在“光利用技术”受到瞩目。

今天，种植无农药的安全蔬菜的植物工厂建设不断增加。这是利用太阳光、太阳光中补充人工光以及以 LED 为主要人工光的 3 种模式来生产蔬菜的。现在生产的西生菜主要就是在外观像宇宙基地那样的大棚内培育的。其中的光、温度、湿度和水都是按照科学流程来管理的。

植物光合作用需要的光线波长在 400 ～ 700nm 内，在这个波长范围内正好就是红色光和蓝色光，红色波长和蓝色波长对于植物生长特别重要。光合作用是通过植物细胞中含有的叶绿素的组织吸收光而进行的，而叶绿素能充分吸收红光 LED 的光波长（约 660nm）。例如，我们都知道生菜吸收了红光 LED 的光之后会产生 β- 胡萝卜素（Beta Carotene），而 β- 胡萝卜素是一种抗氧化能力很强的营养素，会被人体转换成维他命 A。从而确保人体的黏膜、皮肤、免疫功能的正常，并成为维持视力所必要的成分。

另外，蓝色光 LED 的光（455nm）对形成果实和叶子具有很大作用，可以合成花青素和植物多酚等成分。花青素是包含在蓝莓等中的紫色素，可恢复眼睛疲劳，对身体带来恶劣影响的活性氧具有清除和抑制作用，可以说是当今人类发现最有效的抗氧化剂。植物多酚是包含在植物的树皮和种子等中的天然成分，特别是在巧克力原料可可豆中含量很多，它对降低低密度脂蛋白很有效果。通过这些成分对人体的抗氧化，可达到预防和改善动脉硬化和心肌梗塞等疾病的目的。美国印第安纳州“Green Sense Farms”用 LED 光源室内种植，每天光照 22 个小时的蔬菜种植技术如图 2-19 所示。

图 2-19　利用 LED 灯种植蔬菜场景

今天，LED 在渔业生产中也发挥着重要作用。高亮度 LED 集鱼灯能创造出独特的“诱鱼光形”，能让鱼群停留于光形范围内，有利于捕鱼。例如，蓝光 LED 容易使鲹鱼、鲐鱼、带鱼等集群，而橙黄色光很适合于钓墨鱼。因为无论哪种作业都是在船的甲板上进行，所以有必要与别的渔灯配合使用，这样，鱼群聚集效果会有一些减弱，所以还是推荐采用白光 LED 作为捕鱼的光源之一（图 2-20）。

图 2-20　利用 LED 灯捕鱼场景（中国安徽深蓝光电有限公司）

另外，发现了 LED 照明对养鸡养猪、养牛制奶、养鱼和甲壳类等养殖业中具有良好效果的光谱，对于降低动物患病和死亡率效果显著，其成果不断应用于实际生产中。还有，通过控制生物钟使家禽的产蛋和肉类等的蛋白源的产量大幅增长，而电能和其他投入成本显著降低。

Chapter3
照明影响人的心理和行动

大多数照明设计师不仅用光表现空间里必要的亮度和美感，还考虑到人的视觉心理和生理，以及与其场所相适宜的照明表现。通过照明表现效果，使人们在无意间受到光的引导、使事故防患于未然、只在室内就能得到视力恢复训练，从而使人们在不经意间得到照明的益处。

即使不是照明专家，稍加照明创意，就能使空间氛围得到改善。光与照明不仅令人心动，还能调动人们的行为。

3.1 迎宾照明

所谓迎宾照明（Welcome Light）就是欢迎来客时点亮的照明。一般日本家庭没有在家里招待客人的习惯。这也许是因为家用什物到处堆放，不怎么收拾，所以来了客人很是难堪。再加上前一天须把房间收拾并装饰一番，也太麻烦，所以尽量不把客人招到家里。

以前，笔者曾在德国乡下的农民家里受到过盛情招待，留下了德国人好客的感觉。那天晚宴美味异常，房间内的装饰和照明也设计得非常到位，真没想到乡下极其普通的农家会这么讲究。特别是可调光的枝形吊灯和烛光照明虽然没有那么耀眼，但却使人的心境舒适惬意，确实体验到了被热情欢迎的感觉。尤其是烛光那摇曳的火焰牵动着人们的心灵，在寒冬季节里起到了引导人们来到温馨环境氛围的美好效果。

日本住宅的外表比较美观，但一般日本人在家欣赏室内的机会较少，因此投资室内设计的兴趣也就没有那么浓厚，多数家庭对照明也是设计得比较粗糙。日本住宅的迎宾照明没有像欧美那样普遍。

院子大门到门厅外小径的暖光照明本来应是作为迎宾照明的，可是迄今为止，多数家庭的院门灯所使用的白光荧光灯和 LED，也只是在夜晚照亮门牌和对讲机，是以功能优先而设置的。

门厅外门前设置的一盏灯，虽然也给人以温馨和美感，也起到了迎宾照明的作用，但采用两盏灯照亮效果会更好。这是因为采用一盏灯会使某一方向产生阴影，而两盏灯的照明会使光影交织，空间的表现力更强，使到访客人的面部表情更加丰富（图 3-1）。

图 3-1　住宅的门灯有迎宾的寓意

与住宅不同，日本的商店照明是为了吸引顾客进店消费而下工夫设计的。比如说，酒馆的门口装饰着从很远的地方就能看到的多盏红灯笼。温暖光的红灯笼可以说是酒馆欢迎顾客的固定模式。特别是顾客在没有确定去哪家酒馆的情况下，往往是在红光灯笼的指引下来到酒馆的（图 3-2）。

在欧洲，时常可以发现把火焰效果的灯具设置在店铺门口作为欢迎照明的事例。由于灯火的视认性很高，顾客的视点如果合适，从很远的地方就可以诱导顾客来到店铺。

图 3-2　日本小酒馆的迎宾照明

也有不同于用照明灯具的直接亮光引导人视觉的迎宾照明。比如说，用筒灯照亮美术馆或宾馆等大门口处的地面，凸显地面上铺设的地毯（蹭掉鞋子上的污泥兼欢迎来客之意的垫子）的手法，这种照明效果称为“迎宾之光毯”（图3-3）。

暖色光“迎宾之光毯”的手法源于美国。虽然这种照明从较远的地方视认性不太理想，但当人们来到建筑物入口处时会很容易地看到，不经意间受到光的引导。

（a）迎宾之光毯与烛光

（b）迎宾之光毯

图 3-3　“迎宾之光毯”铺设效果

3.2 防止事故的缓和照明

光进入人们的眼睛到达眼球深处的视网膜。视网膜上分布有大量的视细胞、锥状细胞和杆状细胞（或称锥状体和杆状体）。在人的视网膜内约含有600万～800万个锥状体、12000万个杆状体，分布于视网膜的不同部位。视网膜上的锥状体和杆状体在受到光的刺激之后，产生光电信号（生物信号），并通过视神经系统传至大脑（图3-4）。

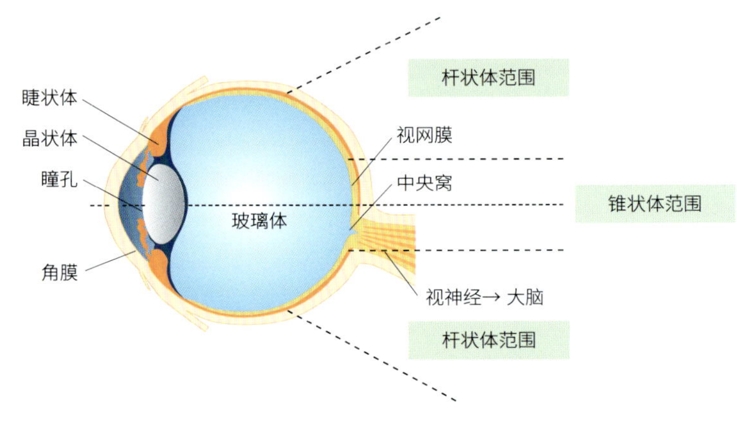

图3-4 视网膜上杆状体和锥状体的范围

锥状体大多分布于视网膜的中心部位，在明亮的环境下可识别物体的颜色和形状；而杆状体大多分布于偏离视网膜的中心部位，在像满月那样夜晚的昏暗环境下（照度大约在1lx以下）用于识别物体的轮廓。

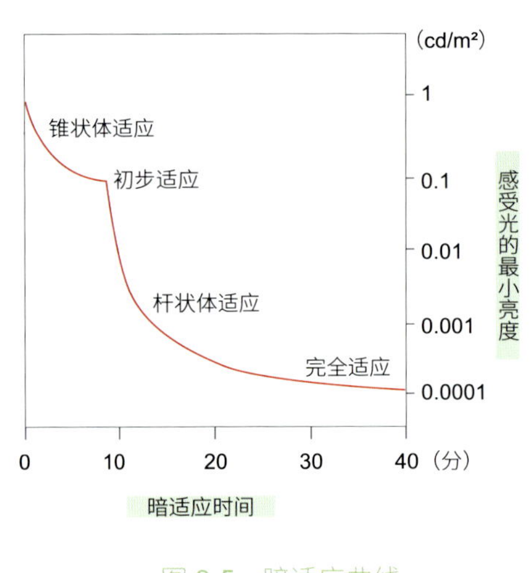

图3-5 暗适应曲线

这些视细胞在亮度急剧变化的情况下，为了适应某一亮度需要一定的时间。特别是从明亮的地方突然进入黑暗的地方时，视网膜上的锥状体向杆状体的切换（Gear Change）是需要时间的。通常眼睛从明亮到适应黑暗需要几分钟，而完全适应即使是年轻人也得需要30分钟左右，如果是老年人则需要更长的时间。这种眼睛的适应过程叫作“暗适应”（图3-5）。

虽然在自然界里一般不会有突然进入黑暗的情况，但在人为的空间里有时是会遇到的。比如说，当电影院里开始放映时，放映厅内的灯光会全部熄灭，这时厅内会突然漆黑一团看不到周围。可是经过短暂的适应以后，在屏幕的余光下周围的情景会逐渐清晰。为了使观众在放映厅内逐渐暗适应，从放映开始就不是突然熄灭所有照明，而是从明亮逐渐调光慢慢变暗的。

隧道内照明就是利用了暗适应的原理。白天在明亮的景色中驾驶车辆，有时会遇到通过隧道的情况。这时隧道内的照明就要考虑到司机在视觉上的暗适应。在刚进入隧道入口的地段，照明的亮度基本上与隧道外相同，随着不断深入隧道内，照明的数量也随之减少，从而使隧道内照度整体下降。通过这样的照明设计，从隧道入口到隧道深处，司机即使不减速也能清晰地看到前方。这样的照明可以称为“缓和照明”。设想，如果隧道入口地段的亮度与隧道深处的亮度同样低的话，司机在适应了白天光亮度，驾驶时速几十公里汽车的瞬间，会突然陷入眼前一片黑暗的危险境地（图3-6）。

图 3-6　洞口昏暗的隧道

公共设施也是一样，像门厅白天也要照亮的情况也是常见的。门厅稍暗，对于年轻人来说会马上适应，而对老年人来说适应的就比较慢。如果门厅里再设置一些其他东西，或者有台阶的话，那么对于老年人来说是非常危险的。在日本，4 个人当中就有 1 位是 65 岁以上的老年人，老年人事故频发，其中因暗适应不当是原因之一。

另外，照明的点亮、熄灭的急剧变化，也易使眼睛疲劳。随着 LED 照明的普及，附有调光装置的灯具在餐厅空间里广为利用。在餐厅里尽情地用餐、聊天，如果稍加注意就会发现，室内的照明亮度在无意间发生了变化，其实这种亮度变化对眼睛是有益的。

3.3 观景餐厅的“远近交替法”

抽空与朋友到餐厅里享受的不仅是美味佳肴和谈天说地，还有店里的氛围和窗外的景色。通过观赏餐厅窗外那颇具魅力的夜景，可以达到恢复因一天工作而造成的身心和眼睛疲惫的效果。

“睫状体”是专门控制并调节晶状体厚度的肌肉，通过晶状体厚度的改变，任何距离的东西都能和视网膜上所形成的影像相重合。因此，眼睛疲劳多半是由于睫状体的功能出了问题所致。白天，因工作和学习强度大而过度使用眼睛，可是现在即使是工作以外的时间段，看电视和手机的人也是非常之多。从前，人们白天的生活大多是看远方的，只有手头作业时才看近处。可是，随着现代文明的发展，人们看近处的时间不断增加，而且经常是连续注视着发光的电子显示屏和手机屏幕。因此，造成睫状体长期不能放松而导致僵硬，丧失了必备的柔软度和灵动性，直接影响到眼睛的整个周围，进而使晶状体聚焦功能变差而导致眼睛容易疲劳。

另外，睫状体功能恶化，还会导致眨眼次数减少，眼泪数量减少，泪液质量异常的疾病。这种现象叫“干眼症”（Dry Eye）。据日本眼科学会报道，室内工作的人平均每3人中就有1位患干眼症。干眼症虽然不一定会导致失明，但这种慢性眼睛疲劳症状会使生活质量下降。

因此，为了放松睫状体，缓解眼睛疲劳，我们可以通过忽远忽近地看物体的“远近交替法”来使睫状体的受力和用力平衡，从而达到提升视力的目的。在观赏窗外远处夜景的同时享受着美味，的确可以说是眼睛进行着“远近交替法”的运动。

夜景千姿百态、美轮美奂。有城市楼群窗户里散发出的明亮灯光，也有照亮观光地的自然风光，还有工业区用工矿灯点亮的厂房等也会作为夜景受到人们的关注。另外，历史遗迹的投光照明也是不可或缺。这些场所因迷人的夜景而吸引了大批游客。

也可以透过室内的窗户向外远眺夜景（图3-7）。比方说，高楼顶层的餐厅就是很好的例子。但现实是当我们坐在座位上却感到很失望，本来是想观赏夜景，但什么夜景也看不清楚，这是因为窗玻璃面就像镜子那样，把餐厅内的情景完全映入进去的缘故。

很明显，这是因照明不当所引起的，特别是窗户对面的墙壁和顶棚面照射到很多灯光并映入到窗玻璃面上。如果餐厅内光线暗还没有这种担心，但餐厅内光线暗会影响就餐，也会影响人们的活动而造成本末倒置。因此，餐厅内采用适当的亮度，室内情景不映入窗户上才是我们所期望的照明。

（a）玻璃窗上映入了室内的光影

（b）透过玻璃窗完美地呈现了室外夜景

图 3-7　室内照明对玻璃窗的影响

能够在商店内欣赏到室外美丽夜景的照明可以设计如下。

1）商店内的照明灯具最好本身不发亮。

2）窗对面的墙壁和顶棚等不要照射到光线。

3）在选用埋设于顶棚面内的筒灯照亮店内整个空间时，要注意使人们通常视点看不到筒灯开口部分刺眼光。

4）假如灯具发出的部分灯光被映射到窗玻璃面上，要注意从顾客的视点不能影响到观看夜景。

无论怎样，调暗室内整体照明，让桌面附近稍微明亮，并与整个店内亮度达到某种平衡，这样观赏夜景效果会更好，佳肴也看起来更加美味。

上面提到，观赏夜景具有缓解眼睛疲劳、放松身心的效果。人在眺望远方时，眼睛晶状体的厚度变薄时睫状体会得到休息，眼睛处于放松状态。然后用餐时看到手头近处的东西，我们无意间使眼睛得到了“远近交替法”的运动。

3.4　空间更显明亮的洗墙照明

洗墙照明（Wall Washer）是让照射到墙面上的灯光就像水洗那样的感觉，

使整个墙面看起来均匀明亮。洗墙照明一般用专用灯具（洗墙灯）加以表现。

这种灯具多是装有特殊形状的反光罩，或是附有扩散光镜头的筒灯和顶棚直接安装型的灯具。如果是普通顶棚高度，因洗墙灯种类不同，基本上是距离墙面 1m，按其距离的 1 ～ 1.5 倍的间隔配置灯具，从而使整面墙壁大致均匀明亮。

如果选用整体照明用的筒灯配置，灯光的构图（贝壳形的灯光构图）会出现在墙壁上方。这虽然是其中的一种照明效果，但作为洗墙照明好像还显得不那么完美（图 3-8）。

（a）靠墙设置筒灯可以照亮墙面

（b）洗墙照明示例

图 3-8　筒灯的照明效果

那么，洗墙照明会呈现出哪些效果呢？

首先，在室内以通常的视线看向前方，包括墙壁的垂直面自然会进入我们的视野。在照明设计时，往往对地面和作业面的亮度更加关注，墙壁和顶棚明亮与否对于空间的影响不大。

墙面加工得越明亮、越宽大，洗墙照明的表现效果就越凸显。另外，墙壁与周围环境的明暗对比越大，就越强调被洗亮墙壁的存在感。因此，洗墙照明常用于写字楼大厅等的正面墙壁。白天，从室外的视点看楼内大厅，会感到较暗且阴气较重，通过洗亮正面墙壁会使人感到空间宽敞且给人以良好的印象。

另外，从一般顶棚高度的通道突然走向高大顶棚的空间设施时，洗墙照明的效果会更加凸显，所以照明设计师非常满意采用。整个正面墙壁一旦被照亮，空间显得高大，让人有从相对狭窄的通道空间中解放出来的感觉。如果宾馆大厅的平均照度（地面照度）稍暗的话，洗墙照明会使过往的人们在明亮背景墙壁的衬托下，呈现出剪影的艺术效果。由于难以看清过往客人的面部，因此在一定程度上起到了保护客人隐私的效果。

还有，设计洗墙照明时，对墙壁的色彩和做工要特别加以注意。特别是具有光泽的墙壁，由于照明灯具本身会映到墙壁上，空间上会对视觉造成一定的纷扰。在这种情况下，可以将稍微集光的筒灯设置于墙壁边缘，且布灯间隔紧凑连续，这样即使有灯具映入墙壁，也只是集中在墙壁的上部，同时还强调了墙壁的光泽和质感。

洗墙照明也多用于一般商店内的墙壁。特别是顶棚不太高的商店，通过洗墙灯的照明表现，墙壁与顶棚的连接部分设置灯檐，内部安装有直管型荧光灯或 LED 灯具，形成被称为建筑化照明的灯檐照明。当路边过往的人们向商店内观看时，会有一种空间宽敞和进深的递进感，不由得进店消费。

3.5　被光引导

夜晚，从机场连廊的玻璃窗向外眺望，连续排列的诸多彩色光点尽收眼底。其中，最引人注目的是蓝色和绿色的光点。这些是为了引导飞机而连续设置的滑行道边灯（蓝色，间距小于 60m）和滑行道中线灯（绿色，间距小于 30m，图 3-9）。飞行员在看到这些线状灯光之后提高了引导飞机安全运行的效果。顺便提一下，为飞机起飞和降落的跑道上还设有跑道中线灯（白色，接近跑道末端的为红色，间距为 15m 或 30m，图 3-10）。

图 3-9　滑行道中线灯
（中国深圳市锐步科技有限公司出品）

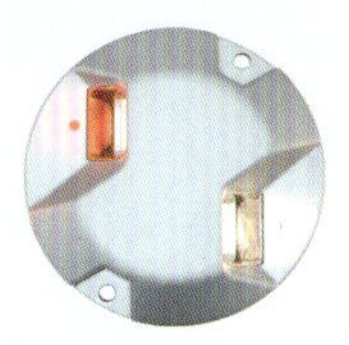

图 3-10　跑道中线灯
（中国上海航安机场设备有限公司出品）

像这样的引导照明还不仅限于机场。夜晚黑暗的道路上，通过小口径且连续排列于地面的埋地灯，使人们在其灯光的引导下走向目的场所，完全像是机场跑道上引导灯的表现手法。

步行道边，有高度在 1m 以下，以光源高度 3 ～ 10 倍的间距连续设置低位置型灯具的手法。这样到了夜晚，也能对步行者起到良好的引导效果。

而在类似广场的地方，地面上的埋地灯随机分布，满地的小亮点呈现出星空般的魅力 , 使人们很乐于聚集于此，这与步行道的引导照明有着不同的表现效果。

图 3-11　昏暗中蓝绿光更为显眼

无论哪一种照明表现，光色都是非常重要的。步行道边连续布设的路灯，目的是使路面得到安全的亮度，一般情况下多使用暖色光。可是路面上连续排列的埋地灯照明，主要是对人们起到引导作用而不是为了路面照明，由于人们看到的是它的发光部分，因此在昏暗的地方经常会使用明亮的光色。这种明亮的光色指的就是蓝色光或蓝绿色光。人眼在明亮的环境下对黄绿色最为敏感，可是到了像夜晚那种昏暗的地方，会产生向敏感的蓝色偏移的现象，这种现象被称为“普尔金耶现象”。这是因为人眼的视细胞在黑暗的地方只是对偏短波长的光感受强且杆状体发挥作用的缘故（图 3-11、图 3-12）。

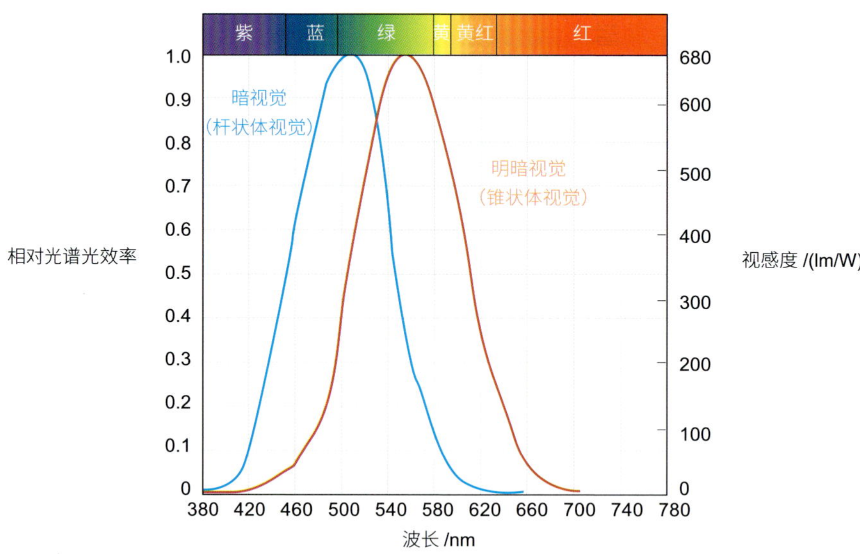

图 3-12　普尔金耶现象

相对于室外，室内也有顺畅地引导人们前行的照明，主要是通过埋设于顶棚内灯具的布灯设计来表现其效果。比如说，沿着较长通道的顶棚上埋设直管型荧光灯或直管型 LED 灯具，通过这种布灯来提高人们视觉上的引导效果。如果是人数常态的通道，照明设计时要考虑怎样才能把行人引向目的场所；如果是不特定人数利用的通道，照明设计时要考虑怎样避免过往行人之间的相互冲撞而顺利地步行。

图 3-13　长通道自动扶梯的引导照明示例

有的通道还设置了避免灯光射入眼睛的引导照明。比如说，在有些故意制造黑暗环境氛围的娱乐设施，以及深夜的走廊里，在距地面 30cm 左右高度的墙壁上连续分布埋墙灯，以保证脚下的安全。

图 3-13 是乘坐自动扶梯通过长通道的引导照明。顶棚两侧连续设置的间接灯光，使乘客对通道尽头一目了然，从而提高了乘坐的安全性和舒适性。

3.6　用蓝色光预防自杀

针对社会治安的不断恶化，英国格拉斯哥市（Glasgow）于 2005 年举办了以市民生活安全与整顿环境为目的的“光的庆典”。其中建筑物外观照明等街道夜景观的改善，增强了市民对城市的自豪感和责任感，结果在很大程度上抑制了城市的犯罪现象。据当地媒体报道，市内主要街道之一布坎南大街内商店街上的路灯，从钠灯的橙黄色灯光改变为蓝色灯光之后，犯罪现象明显减少。消息传到日本，日本也为此成立了相关自治体，大学的研究机构也为此成果进行了科学论证。论证结果是光靠改变为蓝色光防犯灯还不足以抑制犯罪现象。

日本也通过大家对蓝色光防犯灯的关注，提高了市民的防范意识，再加上市民的防犯巡逻，使犯罪现象大大减少。笔者也曾亲自到安装有蓝色光防犯灯的地方考察过，对以仅靠昏暗的防犯灯那种阴冷的环境氛围，来预防犯

图 3-14 店铺内的暖色光使室外蓝色光 LED 防犯灯的灯光并不感到阴冷

罪多少表示怀疑（图 3-14）。

那么，为什么蓝色光防犯灯在格拉斯哥市会有效呢？经过多方调查了解到，主要是大多犯罪现象都与吸毒有关。因吸毒主要是靠静脉注射，在蓝色灯光下，静脉位置难以辨认，不能准确注射，所以这对吸毒者来说能起到一定的抑制作用，从而使犯罪现象减少，而电视等媒体的所报道的其他犯罪的减少应该是误报道。

然而，蓝色灯光却在意想不到的地方发挥了出奇的作用。为了预防自杀发生，日本某些铁路与公路的交叉道口，以及铁路车站设置了蓝色灯。据日本东京首都圈的某铁道公司的数据分析结果显示，蓝色灯设置之后，自杀的人数明显减少，平均减少约84%。

东京大学应用计量经济学教授泽田康幸领导的团队，分析了日本首都圈内共 71 个车站 2000—2010 年的数据。期间共发生跳轨自杀事件 128 起，其中，在有蓝色灯光照明的 11 个车站里，仅在白天发生过一起自杀事件。

这些数据虽然是统计分析的结果，但由此就说蓝色光有预防自杀的效果还没有明确的科学根据。可是，从心理学的角度来看，蓝色光与天空和海洋的颜色相近，能让不安的情绪归于平静；从生理学的角度来看，蓝色光有降低血压、减慢脉搏、稳定情绪的功效，有抑制本能冲动行为的作用。

3.7 使人有安全感的路灯照明

日本的治安逐年恶化，谁都有在不经意间卷入犯罪漩涡的可能。特别是女性，会非常担心走夜道时遭到歹人的抢夺或尾随。有时会听到女性因工作或约会到很晚，在回家的路上遭到歹人侵害的案件。

以前，在机动车道与步行道混合交通的隧道里，在夜晚曾发生过杀人事件。这件事在电视新闻中也做了报道，并对隧道中是否因为照明出了问题而提出了质疑。当有人问隧道里的实际亮度是多少时，回答是 30lx。到底什么部位 30lx

也没弄清楚。30lx 是在室外购物场所能看到的亮度，作为室外环境绝不能说是暗。尽管这样，那为什么在隧道里还会发生杀人那样的恶性事件呢？

笔者还真的去新闻报道的现场实地考察了一番。结果是虽然隧道内的照明确实不算暗，照明灯具和隧道内的墙壁面看起来也比较亮，但如果照明灯具之间走来一人，从较远的地方看去只是一个人影，很难看清人的面部，当来人走近时，很难预知其的动机。虽然犯罪嫌疑人可能没有认识到这一点，但是作为路灯照明不仅要照亮路面，还要有能够识别对面来人面部的亮度，这样才能使行人放心。

每个人都有走夜路的经历。当路人走到路灯正下方的区域时，路人看起来是明亮的，但面部由于有阴影是看不清的。随着远离路灯下方，路人也会变得越来越暗，在路灯之间也只能看到路人的外形轮廓。

一般情况下，犯罪嫌疑人是害怕生人看到自己面部的。因此，如果走夜路时，有能相互看清对方面部的路灯照明，就会使路人比较放心通行了。

日本防犯设备协会的《防犯灯的照度标准》中规定，“步行街上的行人应该能看清 4m 以外来人的面部”。4m 是当路人受到歹人不法侵害时，可以向附近行人或住家紧急求助的距离。照度标准按防犯的重要性和周围亮度的状况可以分为 A 和 B 两种情况，照明设计师可以根据具体情况加以选择。A 情况是能够识别面部的眼、鼻、口的亮度，路面的平均水平照度在 5lx 以上，高于路面 1.5m 的垂直面照度（与路面成直角）至少要在 1lx 以上。而 B 情况是只能识别路人的动作姿势和面部朝向，路面的平均水平照度在 3lx 以上，垂直面照度在 0.5lx 以上。无论是 A 情况还是 B 情况，考虑到光源长期使用后的光通衰减和灯具脏污，初期使用灯具的光源照度是以上的 1.5 倍（图 3-15）。

A 情况

B 情况

图 3-15　防犯灯的亮度标准

防犯灯的设置标准各自治体有着自己的规定，为了不给周围带来光害（光污染），必须控制亮度。但是如果过于控制亮度，又达不到维护步行者安全的目的，所以制定照度标准是非常困难的。总之，要使路人在街道上行走，能够识别一定距离以外来人面部，从而给路人带来安全感尤为重要。

3.8 提高销售额的黄金区域照明

为了更好地展现并将视觉吸引到商店里的商品上，展示照明就显得尤为重要。商品展示大体上可分为两种情况，一种是将商品放置于高度为70～90cm的货台上的水平面展示，另一种是将商品放置于货架上的垂直面展示。

水平面展示有货台、货柜等。台面上陈列的商品一般是由顶棚上设置的筒灯或射灯照明的。比如说，超市里像荧光灯那样柔和光且亮度高的LED或白炽灯照亮的货台上，比较适合陈设顾客容易顺手取到的货物，像蔬菜和水果那样新鲜水灵的畅销商品。而像宝石那样的贵重商品则一般在货柜内陈列。

顶棚上的射灯照亮货柜，货柜玻璃面上会有反射灯光，由于视线的原因，可能柜内某些体积小的商品会看不清。在这种情况下，可以适当降低店内空间整体亮度，在货柜内设置小型LED射灯，灯具要尽量隐藏而凸显商品。通过这样的照明，也显得像宝石那样的商品更加贵重。

垂直面展示多用于服装店、杂货类和便利店等处。货架陈列商品也是在顾客看得清、够得着的有利于销售的位置摆放商品，这些位置称为“黄金区域”（Golden Zone）。根据日本人的平均身高，便利店里货架的黄金区域对于男顾客来说为700～1600mm，对女顾客来说为600～1500mm较适宜，一般从货架上方向下数的第二层范围最为明显。在这个范围内，常常陈列最主要的商品，照明设计也应该在这个范围内下工夫，这样可以使顾客在无意间手会触摸到货架上的商品（图3-16）。

最近，LED灯带常设置于展架下方，采用小型灯具且价格便宜。因展架各层都有设置，所以各层的亮度基本一致。尽管如此，黄金区域所展示的商品也还是非常凸显。

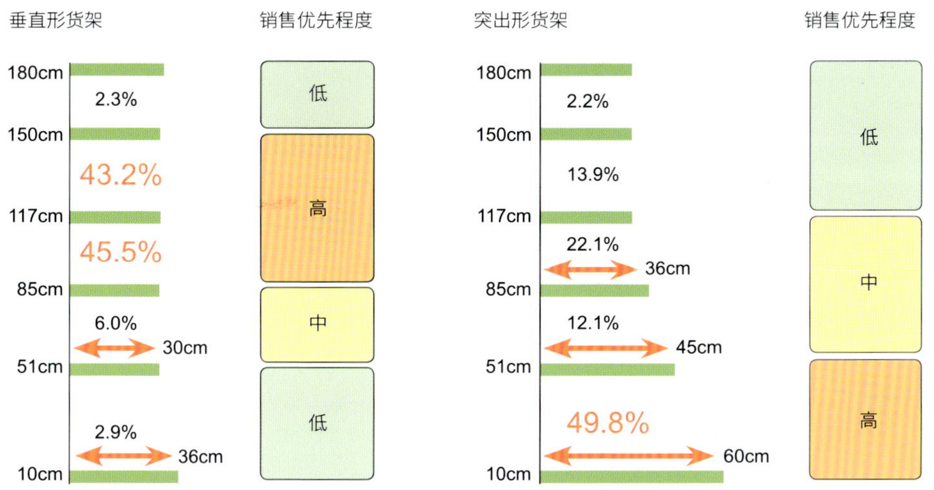

图 3-16　货架形态与黄金区域的例子（摘自 field marketing systems homepage）

3.9　许愿的 5lx、冥想的 1lx

在日本东京，坐落着著名寺院的分院。因此，对于坐禅感兴趣的人都纷纷前往参观。在法堂入口，和尚在前来坐禅的每个人手上涂香，以消除体臭与烦恼。法堂里的住持对围坐着的参加者进行冥想的启蒙。冥想虽然是在上午的时间段，但法堂内几乎没有光线射入，比较昏暗。当然，法堂顶部的照明也是处于关闭状态。

图 3-17　Grundtvigs 教堂（丹麦哥本哈根）

从前，笔者因工作的原因体验过坐禅道场的照明，只有一只吊挂的裸露灯泡。这是在半睁眼能看清 1m 距离榻榻米表面草纹程度的亮度下进行的冥想，此照度经过实际测量约 1lx。如果在平时，这是睡觉环境所需要的亮度，可是作为修行道场进行冥想来说好像是恰到好处。然而，对正在坐禅的人来说，眼皮对裸露灯泡的灯光会感到忧虑。经过研讨之后，发现半睁眼视线向下时，眼皮就会感觉不到灯光，因此设计了裸露灯泡的照明灯具。

因为法堂里没有来自顶部的光，所以眼皮感觉不到有光。眼皮感觉不到光且榻榻米表面 1lx 的照明环境，对于冥想来说是最合适的照明条件。

去欧洲旅行，教堂可以说是一定要去参观的。当太阳光从大窗不能直接射入到教堂中时，会感到有些昏暗。笔者曾测量过若干所教堂内的照度，中世纪（大约从 5 世纪到 15 世纪）建造的教堂，因时间段和天气的变化，照度当然会有所不同，随机测量时基本上都在 5lx 左右（图 3-17）。

对于冥想与祈祷的不同，众说纷纭，要想说清楚是极其困难的。冥想是无心的行为，多为意念的交流，通过自己呼吸的意识来激发大脑的某些活性，从而帮助人们告别负面情绪，重新掌控生活。而祈祷是语言的交流，是向天地神佛祷告，祈福免灾，含有赞美、感谢、告白、请求之意。

3.10 具有非凡魅力的上射照明

上射照明的灯光是从下向上照射，与白天日光的照射方向完全相反。如果用这种方法照人脸的话，看起来就像妖怪那样恐怖，而建筑物外观和树木用这种上射照明的话，却会给人们留下深刻的美好印象。尤其是建筑物在夜幕中清晰地浮现出来的视觉效果，与白天所看到的建筑物完全不同，很是吸人眼球的。

建筑物本来是为白天自然光下人们的视觉效果而设计的。然而，在建筑师中对这种自下而上的照明方法也有持批评态度的，这其中确实有一定的道理。特别是有屋脊的木屋建筑，由于灯光照射方向的不同，呈现出来的照明效果也会大为改变。

上射照明效果主要有两种。一种是高于视线的上投光，即灯具安装于距地面 2m 左右高的地方，让灯光照亮顶棚面的间接照明。通过亮光面的质地使顶棚面发亮，从而强调了顶棚的高大，使置身于空间里的人们具有开放感。

另一种上射照明是光源的设置位置低于视线，就像前面所叙述的建筑物和树木的上投光照明那样。由于光源低于视线，所以会给人们带来眩光感，这就要求在进行照明设计时必须充分考虑遮光（图 3-18）。

也有设置于室内地面的专用上射照明灯具，采用的是射灯。通过这种上射照明的表现方法，墙面和顶棚面映入灯光，使人能感受到与通常照明迥异的空间氛围。

(a) 高于视线

(b) 低于视线

图 3-18　上射照明

说到建筑的灯檐照明，是在墙面与顶棚面相接的地方，安装直管型荧光灯或直线型的 LED 组件，使灯光沿墙面自上而下达到整体均匀照亮的手法。当然，也有与灯檐照明相反的自下而上的照明手法。通过调控光源的光色和亮度，可以表现日落后天空的景象，使人的心境达到放松的状态。

我们在室外看到的上射照明，多是通过埋设于地面的插入式埋地灯照亮树木、建筑物的柱子和雕像来加以表现的。

我们人类所处的光环境，从原始时代到 100 多年前，一直是在自然光下生活的。天空和太阳的自然光线基本上都是自上而下的。这样的光最能使我们人类具有安全感和舒适感，并且深深地铭刻在我们的基因中。

自电灯发明以来，人工照明的普及日新月异，人们最初看到上射照明时，惊奇的同时还带来了违和感。可是，经过 100 多年的岁月变迁，对见惯了各种上射照明的现代人来说，自下而上的照明已不足为奇，并没有什么违和的感觉，可以说已经完全适应了这种灯光。作为某种事物存在的本能，在某一时点不能否定引起基因不规则变异的可能性。人类利用科学技术克服且适应了严酷的自然环境，使生存范围逐渐扩大，进而还创建出了更舒适的生存环境。

3.11 凸显展品魅力的美术馆和博物馆照明

当我们进入美术馆时，会感到馆内的照明比较昏暗。通过照明设计，绘画表面明亮地浮现在我们眼前，从而使我们在视觉上感到绘画的魅力。因为美术馆和博物馆的照明对设计师要求具有相当程度的专业知识和技术，所以并不是谁都能设计的。

为什么观众观看绘画等展品在视觉上会感到很舒服呢？一是大多数馆内设定了能够确保观众安全参观的最低亮度，这在无形中也保持了安静的参观环境。昏暗中观众难以看清周围环境，很容易沉浸于自己的精神世界，即使有同伴也自然不会大声交流。

二是观众在昏暗的馆内视觉已经暗适应了。于是，展品上即使没有怎么照明，观众看起来也会感到比较明亮。由于以往使用的荧光灯和白炽灯或多或少地含有一些紫外线和红外线，因此会导致绘画等展品损伤或褪色。一般情况下，照明应尽量不要使展品过于明亮。如今，LED 照明几乎不含有紫外线和红外线，与以往的光源相比不用担心展品受损，因而逐渐成为今天美术馆和博物馆照明的主角，但仍然设定得比较暗。

图 3-19　绘画部分显得比周围环境明亮

“照度高＝能看清物体”的说法是有问题的。比如说，照度提高 2 倍并不代表视力也提高 2 倍。如果想要完全看清展品的话，展品的照度要高出周围 5 ～ 10 倍，也就是说，馆内空间整体照度是 30lx 的话，色调明快的展品需要 150lx，色调灰暗的展品就得需要 300lx 的照度（图 3-19）。

以前，笔者曾经考察过国外的一些美术馆，馆内空间整体与绘画的亮度比多为 5 ～ 10 倍。其中使用色粉的绘画由于不耐光，因此画面只用了 10lx 的照度。因为画面周围的光线相当暗，所以对比之下画面看起来也是非常清晰的。

另外，射灯的照射角度也很巧妙。由于站立在绘画前的观众比较多，为了使画面上不致留下观众头部的影子，射灯的安装位置和照射角度要调节到最佳状态。

由于美术馆的参观路线多为单向，因此在入口大厅处应该最亮，在观众走向各展室的动线上亮度逐渐下降，也就是为减少建筑物外界与内部过大的亮度差而设置的使亮度可逐次变化的过渡照明。

3.12 景观照明要节能

从古代开始，光与宗教活动就密不可分。祭祀从白天举办到夜晚，通过光的参与营造出与白天完全不同的环境氛围。当夜幕降临的时候，人们离开了现世今生而进入了梦幻。如果城市的美丽夜景有助于疏解现代人身心疲劳的话，那么照明对美的追求就绝不是奢侈的东西。

那么，怎样做才能使建筑物和自然景观得到美丽的夜景照明呢？还是委托给富有技术和感性的照明设计师吧。景观照明最一般的表现手法就像在镜框中表现静态风景画那样。以视觉诱导景象的视点进行观赏，再以各种各样的视点所观赏到的情景作为下次游览的导引，这是在进入被照明的实景空间中感受光的同时游览的方法。比如说，在游览庭园的同时体验光的奇观，像乘观光巴士夜游东京就是其中的一例。

在日本，特别是明治时期（1868—1911 年），大量破坏古代建筑而建造新型建筑。于是，日本作为文化遗产的建筑物存留很少，景观与对于重视过去文化遗产的欧洲来比自然也是很不一样。因此，日本景观照明的手法也与欧洲多少有些改变。比如说，让灯光参与新盖的建筑中已经成为可能。另外，在外部墙面上进行光雕投影 (Projection Mapping) 也很流行。

当今，日本由于社会实力过于集中于东京而使得地方城市走向衰退，为了使地方城市更有活力，各地都在积极推广景观照明。另外，随着社会治安的逐年恶化，为了创建明亮且安全的城市，不仅要设置路灯和防犯灯，景观照明也是不可或缺的。日本是一个能源匮乏的小国，因此夜晚为了景观照明而大量使用电气设备是不现实的。然而，夜晚为观赏景观照明而来的人们，家里的电器和电灯的电源肯定是关闭着的；再加上日本的电车系统非常发达，一般在

图 3-20　樱花树的投光照明吸引了大量游客

城市里举行的有关景观照明的大型活动，来观者基本上都是乘坐电车而来的，因此虽然景观照明消耗了大量电能，如果大家把家里照明电源关掉的话，其结果还是达到了节约电能的目的。前来观赏景观照明的人们也许在无意间也为节约电能尽了一份力量（图 3-20）。

Chapter4 光与身心健康密切相关

照明用 LED 的发明具有划时代的意义。能源利用效率高的 LED 在街道路灯等公共场所开始被广泛采用，如今可以说无处不在。然而，光学专家发现，到目前为止使用的 LED 光线中存在大量的蓝光，蓝光会对人体带来极大的影响。因此，照明与健康的关系也一下子受到人们的关注。

现在，蓝光的好与坏已经成为有关照明与健康的一大话题。今后，人类对可视光波长域之外的其他波长、红外线等将进行纳米（nm）级的研究，它们对人体到底有何生理影响将会逐渐明了。

另外，即使是照明表现，也会依据有关“照明与健康”所取得的各种数据进行设计，特别是人们长时间所在的住宅和办公空间，需要更加健康的照明设计。

4.1 夜晚明亮的地球威胁着生命

随着人口的增加和经济的发展，地球上的能源消耗也在不断增大，这一点可以从 NASA 公开发布的从地球观测卫星拍到的地球夜景图像就能略见一斑。

夜景图像与白天完全不同，简直是个充满灯光的世界。从太空俯瞰产业革命之前的地球夜空，恐怕除了火山活动、极光、闪电之外，是完全看不到其他人工光的吧。而今，我们能看到的不只是陆地，就连海上船舶散发出来的灯光也能看得到。像日本这样的岛国，海洋与陆地的境界地域有许多城市，那里密集的灯光使国土轮廓格外分明（图 4-1）。

图 4-1　海滨城市里的密集灯光使陆地轮廓格外分明

当然，未开发的土地虽然完全黑暗，但按目前的发展趋势来看，灯光不久便会波及那些的地方。

迄今为止，夜景照明主要是靠人工光源的荧光灯和高强气体放电灯（High Intensity Discharge，HID），而今这些光源已逐渐被 LED 所取代。LED 的确具有可以用少量的电能获取相对较大亮度的突出优点，一般认为，伴随 LED 照明的普及，整个地球所消耗的电能一定会有所减少，但是实际情况却并非如此。地球的夜晚比先前更加明亮，而且这种明亮已经逐渐扩展，这与前面所提到的优点不是相互抵消了吗？

事实上，夜晚的光对动植物的生态系会带来恶劣的影响。即使是一盏路灯的灯光，也能造成附近水稻不能生长，造成附近树木枯萎。另外，还会对家畜的生物钟造成紊乱，进而使生殖机能下降。当然，对人体内生物钟节律也会带来混乱。

据2010年的美国科学杂志《生态经济学》中报道，由于夜晚过剩的灯光造成的明亮的夜晚，对野生动物、人体健康、天文学观测等会带来恶劣影响，而且还浪费了大量能源，造成每年有近70亿美元的损失。另外，明亮的夜晚有使以往的昼光性和黄昏性动物向夜行性发展的强烈趋势，其结果会发展为夜行性动物数量不断增加，相互掠夺食物，生存压力变大。从长远的眼光来看，必将出现生殖繁衍受到影响而使生态系统崩溃的重大问题。长此以往，无疑会使损失日益上升，所以应该力求尽早找出强有力的对策。

4.2 昼夜节律

昼夜节律是指人类生命活动以一天左右为周期的变动（Circadian Rhythm），约24小时内的生理现象，如体温、血压、脉搏、氧耗量、激素的分泌水平等呈规律性的变化。昼夜节律受从早到晚变化着的自然光的影响，还有人体内形成的某种时钟，也就是通过人体生物钟而引起的生理节律。

人类的生活习惯一旦混乱，就会干扰生物钟的正常运转。然而，生物钟的非正常运转可以通过光、饮食和运动等的刺激来得以修正，这其中光和饮食对修正生物钟作用很大。昼夜节律紊乱所引起的睡眠障碍会使身心感到不适，而大大增加诱发各种疾病的危险（图4-2）。

大多数人为了身体的健康而高度关心饮食和运动，对光却不太关注。为了调准生物钟，要注意清晨大量沐浴自然光，而夜晚尽量避免光照。

据说，在德国有照明灯具使用指南。晚上睡觉前吃东西对健康不利，明亮的照明对身体也不好。同样，生活中过度使用电脑和手机的不良习惯有碍身体健康，应该注意在就寝前加以控制使用。

然而，现实中有很多不得不在夜间活动的人。例如，交替上白班和夜班的人群，以及国际航班上的乘务员等。据统计，他们易患高血压和心脏病，而且女性乳腺癌的发病率非常之高，患抑郁症等精神障碍疾病也有很大比例。

昼夜节律除了有上面提到的日周期节律外，还有与各种自然环境和生活环境相适应的月周期节律和季节性节律。

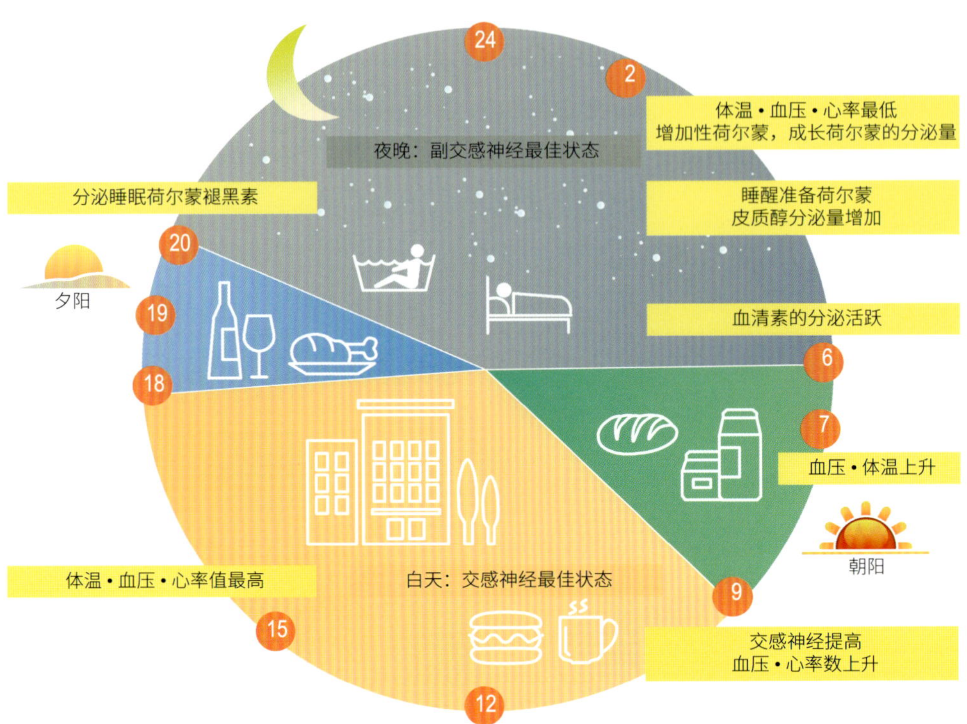

图 4-2　昼夜节律（摘自 Pure Medical Attitude homepage）

在北欧纬度高的地区，由于冬季日照时间短，季节性节律也会变得不正常。对于患有季节性抑郁症的人来说，冬季由于早上起不来床而不能去上班或上学而引起严重问题。笔者也多次在 12 月份去北欧和北美访问。与日本东京不同，那里到了上午 9 点以后太阳才刚刚露头，到了下午 3 点左右天色就已变暗，而且天气若不好的话，即使白天也是昏昏暗暗，旅行的心情也变得很压抑。再加上时差的缘故，即使过了很多天身体还是感到不适。

消除这种压抑心境的好办法有圣诞节时人工光的灯饰。冬季灯光的盛典在各地都有举行，一定程度上消除了人们阴郁的心境。另外，在冬季日照时间短的地区，适用可以照到脸部从数千到 1 万 lx 的类似于太阳光谱的照明灯具。在不直接看到光源的情况下利用光疗设备，每天早上在家里进行 20 ～ 30 分钟的光照来预防季节性抑郁症。另外，在户外活动也可以预防季节性抑郁症，据说还有灯光咖啡馆（Brightlight Cafe），可以边喝咖啡边进行光照。

另外，冬季抑郁症一到春季，随着日照时间的延长会自然治愈。

4.3 用光改善抑郁

现代社会节奏紧张、竞争激烈，导致人们容易产生抑郁。2005 年世界卫生组织（WHO）统计的数字表明，世界上因抑郁症而痛苦的人估算有 3.22 亿人，约占世界总人口的 4%。因地区的差别，包括印度和中国的亚洲和太平洋地区约占总抑郁症人口的一半，而且这个数字还在不断扩大。说到抑郁，原因多种多样，而且病状的程度也是不一样的。

从最近患抑郁症的人来看，大多是因为在没有阳光的房间里从事案头工作，特别是长时间看电脑画面所导致的。这样日积月累，就陷入了“夜晚睡不着”“工作打不起精神”“找不到灵感”等烦恼之中。这就是“系统工程师（System Enginers，SE）抑郁症”，是脑内传达物质（去甲肾上腺素、血清素等脑中的幸福分子，是一种控制着人的情绪与压力的荷尔蒙）的功能恶化而引起疾病。

多数抑郁症患者与常人有不同的生物节律（生物钟），而且还厌恶光。往往一个人躲在阴暗处，深深地陷入消极的精神状态。建议清晨在明亮的朝阳下散步，或者在家休息时果断地把房间灯点亮。进而在白天短的季节里，天黑前就把屋里的灯点亮。在睡觉前使房间里明亮的灯光亮度降低，这种亮度的变化对于缓解抑郁是很有帮助的。因每人的情况不同，效果也会不一样（图 4-3）。

笔者的哥哥在 60 多岁时患上了抑郁症，长期处于痛苦的状态。吃药得到一定缓解后开始做送报纸的临时工。由于长期沐浴在朝阳下，抑郁症得到改善，直到现在身体还很健康。

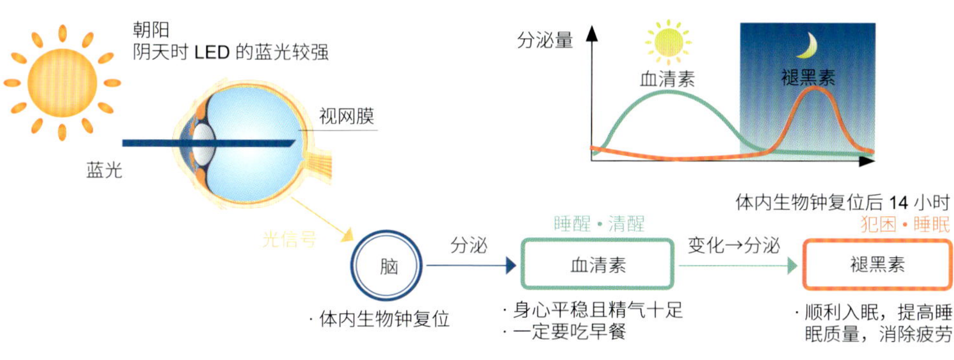

图 4-3　通过一天的沐浴阳光来预防、改善抑郁

4.4 睡眠与照明

在没有电灯的年代，夜晚一片漆黑，人们的睡眠形态与现代人有着相当大的差异。比方说，古人对于睡眠状态认为是假死，有就寝 3 小时后就会醒来的说法。还有夜晚必须要护身以防御野兽等外敌，所以休息时也是经常具有紧张感，自然就会不能长时间熟睡而分段睡眠的说法。

中世纪（约 12 世纪末到 17 世纪初）的人们有一种两相睡眠，即一到夜晚先睡上一觉，深夜醒来 1 ～ 2 小时之后，再一直睡到天亮。二相睡眠是在休息中徘徊于梦幻和现实之间的状态，这种睡眠被称为快相睡眠（Rapid Eye Movement，REM），身体虽然处于休息状态，但在睡眠时眼球会呈现不由自主的快速移动，大脑神经元的活动与清醒时相同，醒来之后能够回忆起栩栩如生的梦。如果从快相睡眠到睡醒之后紧接着进入“睡眠和睡醒的缝隙”的话，无论梦到什么都会成为鲜活的记忆。被称为中世纪的伟人当中，就有枕边放置的记事本，记录了梦幻中浮现出的各种各样的创意，从而在现实社会中得到应用的事例 [《黑夜史》，A·罗杰·埃克奇（A.Roger Ekirch），美国历史学家，现为弗吉尼亚工学院历史系教授]。

慢相睡眠（Non-rapid Eye Movements，NREM），全身肌肉松弛，没有眼球运动，内脏副交感神经活动占优势。心率、呼吸均减慢，血压降低，胃肠蠕动增加，全身代谢减慢，脑部温度较醒觉时稍降低，大脑总的血流量较睡醒时减少。

对于没有黑暗夜生活的现代人，虽然基本上是一觉睡到天亮，但快相睡眠与非快相睡眠的状态按约 90 分钟为一组间隔反复交替。在睡眠过程中，脑

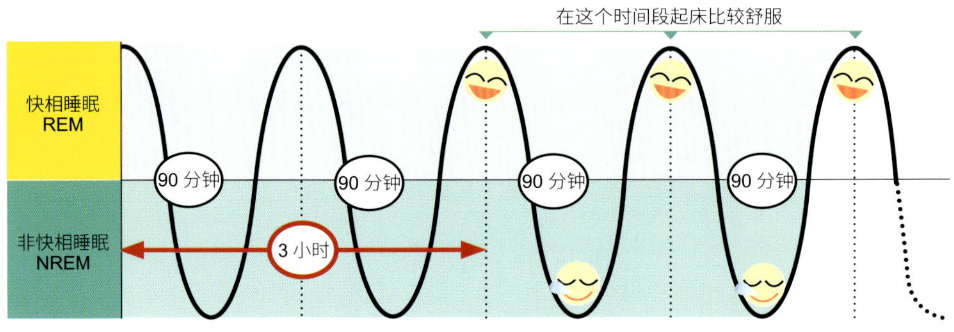

图 4-4　快相睡眠与慢相睡眠交替出现
（摘自日本医师会的《睡眠的科学》）

电图发生各种不同的变化，这些变化随着睡眠的深度而不同。根据脑电图的不同特征，快相睡眠和慢相睡眠以是否有眼球阵发性快速运动及不同的脑电波特征相区别。

现代人由于睡眠的时间比较长，即使是做了好梦也大都没有记住。即使这样，能睡着就好，特别是现在有很多人因各种烦恼而睡不着觉，进而导致社会问题（图 4-4）。

4.5 光是易怒和爱走极端的诱因之一

最近的日本电视台报道，因一些鸡毛蒜皮的小事而引起纠纷的伤害事件时有发生。另外，家庭暴力也呈上升趋势。即使在乘坐电车时，一些初高中生的话语中也时常带着“讨厌（ムカつく）！真烦（イライラする）！”等不雅之词。

像这样易怒的原因是多方面的。现代社会中，人际关系和工作压力是其主要诱因，而其他像睡眠不足或者即使想睡却睡不着的失眠症的生理因素也是其中的重要原因。

另外，身体内缺乏维生素 C 和钙也会引起心情烦躁。钙是身体的骨骼和牙齿生长的重要营养素，钙从骨骼和牙齿中溶化流失会导致缺钙，骨骼和牙齿就会变脆。

据《日本人的膳食摄取标准》（2005 年版）介绍，18 岁以上日本人每日钙的摄取量为 700mg，特别是偏向欧美化生活的 30 ～ 50 岁的人吃蔬菜少、偏重肉食，因钙的摄取量明显不足所带来的问题会大幅度增加。摄取钙的来源有牛奶、乳制品、绿黄叶蔬菜、豆类等多种食物。

缺钙会因年纪的增长使骨头变脆而导致骨质疏松。血液中钙的浓度降低会使神经活动失常，神经和感情的支配紊乱会导致心神不定。

维生素 D 对人体中的钙起着至关重要的作用，其中维生素 D3 只有通过日光浴使皮肤接触到紫外线才能生成。日光浴因季节和时间不同而沐浴的方式也有所不同，为了避免大太阳下暴晒，最好在晴天的早晨沐浴阳光，夏日中午的树荫下沐浴面部和手部数十分钟即可。现在虽然越来越多的人想用保健品来补充钙，但还是通过饮食和简单的日光浴来补充最好（图 4-5）。

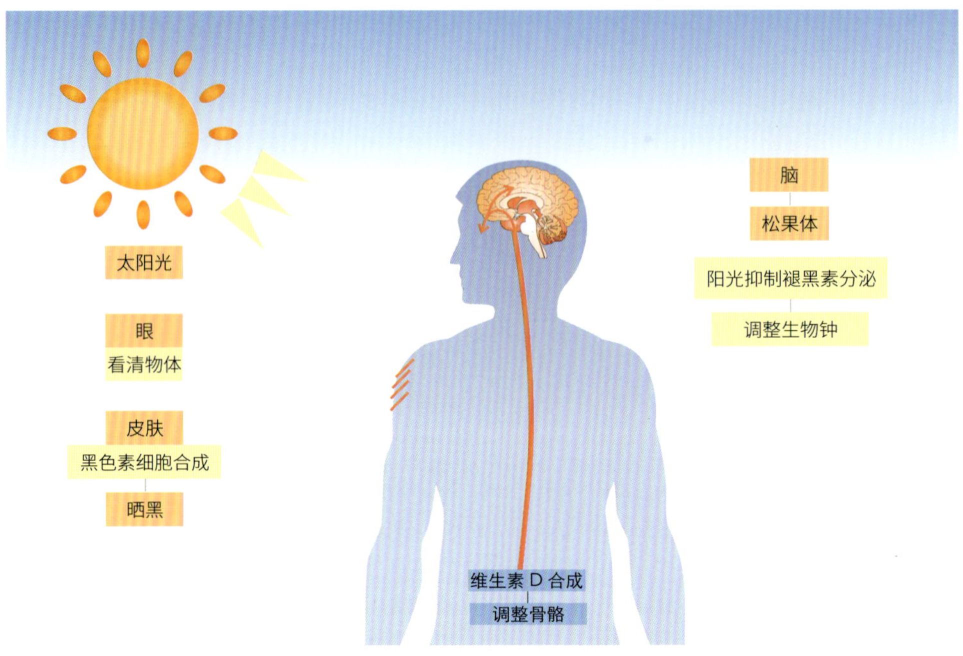

图 4-5　太阳光的效果

4.6　对老年人有益的照明

WHO 规定，65 岁以上的人为老年人。日本人 65 ～ 74 岁为前期老年人，75 岁以上为后期老年人。据日本内阁府 2016 年的调查表明，日本 65 岁以上的老年人口已经超过日本总人口的 27%，已经步入超高龄化社会。

人上了年纪，首先遇到的是视力下降的问题，也就是老花眼症状，近距离也很难看清楚。比方读书时，对于年轻人相当于相机镜头的晶状体比较柔软，受睫状体悬韧带的拉力收缩或放松，使晶状体变薄或变厚，从而改变其焦距或屈光度，使远近不同的外界景物都能在视网膜上形成清晰的影像。可是，随着年龄的增长，眼睛的晶状体逐渐变硬且弹性减弱，上述机能自然会下降，因此要对观察物提高照度或者借助老花眼镜是必不可少的。

另外，老年人眼球内的晶状体和玻璃体还或多或少地变黄、变浑浊，这种病变叫做白内障。当强光进入眼睛后会散乱，更容易感到光线刺眼，对含白色光较多的短波长光更容易散乱，因此建议在老年人居住的空间里多采用含波长长的暖色光进行照明；由于人到老年，身体行动迟缓，耐寒能力也较差，也尽量使室内的装修和照明具有温暖感的色调。

老年人由于在室内待的时间比较长，采光时因窗户旁的亮度与房间深处的亮度差过大，或者因照明而造成的照度差过大，都容易使眼睛疲劳。随着年纪的增长，眼睛的明暗适应机能也在减弱，明暗对比过于强烈的照明会带来很大的问题。

因此，室内昏暗的地方与明亮的地方的照度差应在 1 ∶ 5 以内。如果白天室内有阴暗的死角，有必要用照明补充亮度。

另外，在室内空间行走，如从明亮的居室走到走廊时，走廊的光线昏暗会引起不安。但在深夜的走廊里眼睛进入暗适应模式，所以像通向卫生间的走廊里要保持一定的步行通畅的亮度（走廊里不能放置障碍物）。

相反，如果室内空间明亮的话，睡眠荷尔蒙黑色素的分泌受到抑制，还要考虑到起夜后回到床上入睡的问题。本来人到老年，黑色素的分泌机能就会下降，有睡眠很浅的倾向。综上考虑，探讨老年人与年轻人居住空间不同的照明，还是有一定意义的。

如今，空巢老人逐年增多，老年人孤独死亡的消息时有报道。因此，市场上出现了物物相连的互联网（Internet of Things，IOT）报警灯。这种 IOT 报警灯装设在像门厅、卫生间里，当老年人的生活遭遇某种状况时点亮，以便其他人员能随时掌握。这样，当老年人病情加重或家里发生事故时，就可以及时得到有效的处置（图 4-6）。

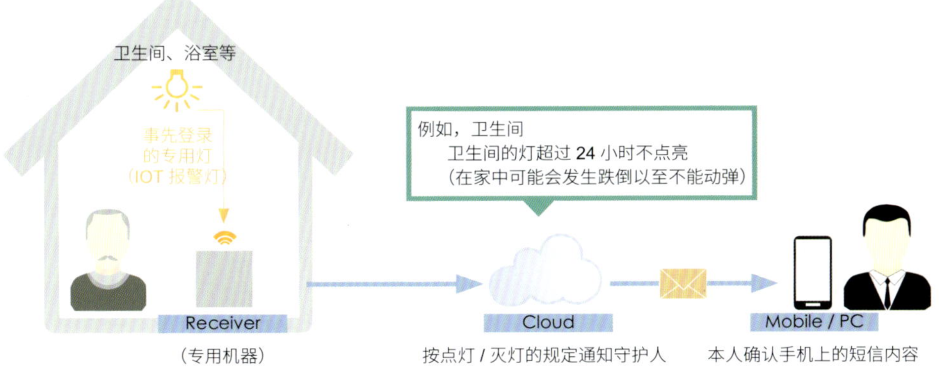

图 4-6　照料独居老人的 IOT 灯泡

（摘自 BIGLOBE Press Release 2016）

4.7 蓝光的危害

一般照明用LED有白色光和彩色光。在白光LED中可以用白色、暖白色和日光色等光色来表示色温（参照第1章1.4节的“提神与放松的光”）。

品质高的白光LED以紫光LED为基础，再掺加蓝、绿、红的三色荧光物质而制成白光。这样搭配虽然接近自然光，但这种白光LED的制造费用却非常高。因此，商品化的白光LED多是以价格较便宜的蓝光LED为基础，并掺加黄色荧光物质制成。在这种类型灯具中，日光色（色温约6500K）在465nm波长附近多含有峰值强度在400～500nm波长域的蓝光（图4-7）。

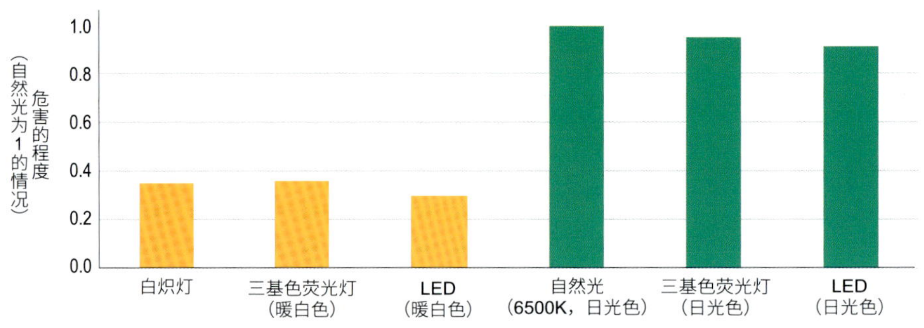

图4-7　主要光源的蓝色光对视网膜的危害
（摘自2014年《日本照明工业会报告书》中“关于LED照明对生物的安全性”）

蓝光虽然在可视光谱范围内，但由于靠近紫外线，用法不当会对人体带来恶劣影响。也就是所谓的“蓝光不可预测的危害问题”（Blue Light Hazard）。当然，这里所说的蓝光与第3章中“用蓝色光预防自杀”中的蓝色光是不同的。

根据近期的科学、医学研究发现，智能手机和电脑等现代电子设备释放的蓝光在夜间对人体会产生很大影响。蓝光最大的问题就是在就寝前照射的话，会抑制人脑部的松果体分泌褪黑素，使睡眠质量下降，体内生物钟紊乱。此外，蓝光还令人晚间食欲增加导致发胖、增加二型糖尿病、癌症几率、抑郁症概率，致人白天困倦、令儿童更加烦躁等。

自人造光发明近百年以来，人类夜间越来越多地暴露在光线下，但一般的照明灯光在夜间对人的危害并没有近年盛行的智能手机、平板电脑和电脑大。上述电子设备释放更多的蓝光，对人类的生理影响不容忽视。

众所周知，光中最危险的当属激光。这是一种与自然光的光谱能量分布完全不同，而且在极其狭窄的波长范围内放射出极强光的光源。

工作中使用的激光笔（Laser Pointer）就是其中一例，即使光的输出比较弱，对眼睛也是有危害的。激光直接射入到眼睛内的话，焦点汇聚在视网膜上，可瞬间使视网膜烧坏而导致失明。当然，市场上销售的利用蓝光 LED 的白色光与激光相比的话，波长域具有一定的宽度，是不会有瞬间危险性的。

自然光也包含了 LED 在内所有人工光的电磁波。这种可视光线的实体称为光粒子。到目前为止对光粒子说明的是，进入眼睛的光粒子在视网膜上产生电气反应，然后通过视神经传至大脑，从而使人认知到光。紫外线通过角膜和晶状体吸收。然而，波长 440 ～ 450nm 附近峰值的蓝光到达视网膜，虽然没有紫外线那么强的能量，但长时间照射的话，也会给眼睛带来伤害（图 4-8）。

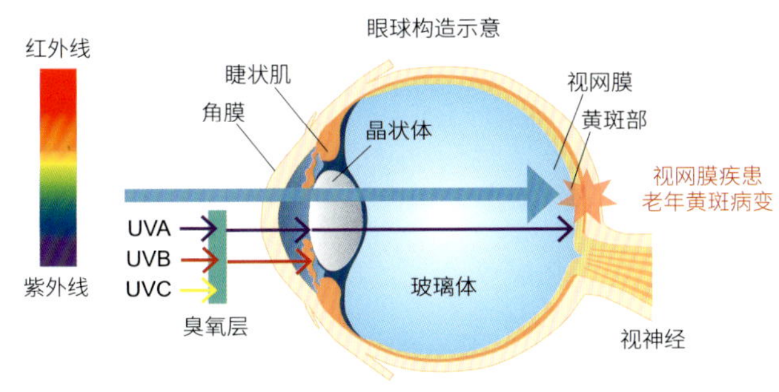

图 4-8　蓝光的危害（摘自《Molecular Vision》中“LED 对眼睛损害的新发现”，岐阜药科大学，原英彰，2017 年 3 月）

蓝光的危害之一是引起黄斑病变。人眼中的晶状体会吸收部分蓝光渐渐混浊形成白内障，而大部分的蓝光会穿透晶状体，尤其是儿童晶状体较清澈，无法有效抵挡蓝光，从而更容易导致黄斑病变及白内障。视网膜一旦产生黄斑病变，视野的中心就会歪斜，感觉昏暗且看不清，行走时甚至会失明。

然而，具体接受怎样强度的蓝光、多长时间的蓝光才能带来危害，还没有明确的指标，所以怎样对待蓝光，我们也没有针对性具体措施。参考日本厚生劳动省的有关照明指南中的规定，在 LED 为光源的视觉显示终端（Visual Display Terminal，VDT）工作 1 小时时，建议休息 15 分钟。

对于一般照明用蓝光 LED 的蓝色光，只要不直视照明灯具的光源，即使是 VDT 作业（Visual Display Terminals 的略称，意思是指个人电脑、手机、电视游戏机等电子设备的视频显示终端），射入眼睛的蓝光也是相当微弱的。

另外，有学者认为，与自然光中的蓝光相比也会有数量级上的很大减弱。因为我们长年在自然光的蓝光照射下不会有问题，所以只要不是在非常近的距离、长时间直视蓝光多的光源也不会有什么严重问题。

进而相对于在蓝光 LED 中掺加大量黄色荧光体的多数白光 LED，还有掺加红色和绿色荧光体的暖白光 LED，这对抑制蓝光效果比较突出，并且使用起来更加安全（图 4-9）。

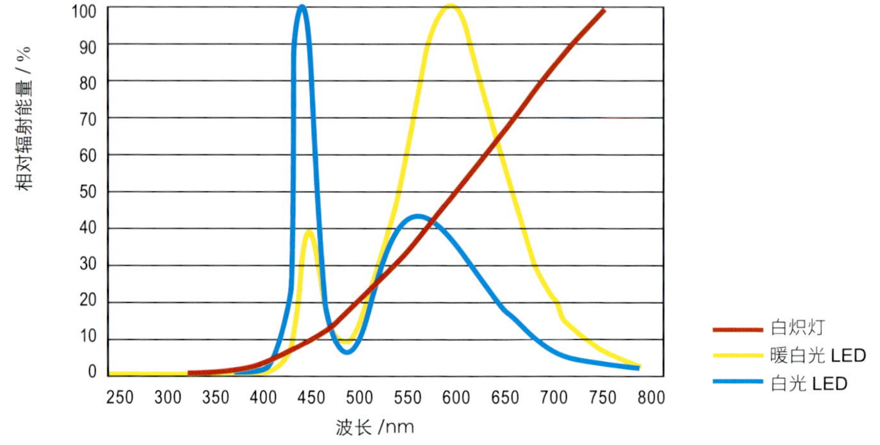

图 4-9　白炽灯与 LED 灯泡的相对辐射能量

还有更为安全的光源，比如部分 LED 产品属于有机 EL 的面光源，发出的光线对眼睛和身体柔和且有益。因含有大量红色波长，所以应用于医疗现场，如护士夜间巡诊时为了不妨碍患者睡眠所使用的照明光。因其价格较高，所以应用范围并不广。然而，随着 4K 和 8K（超高画质）的电视屏幕逐渐普及，相信不久 LED 屏幕就要走入人们的生活。

如上所述，至今蓝光的危害到底是有还是无只有两成的把握，到底哪个正确还不得而知。在今后几十年的岁月里，LED 照明、电脑、手机之光还会继续陪伴着我们，但实际上我们的身体和大脑到底发生了什么问题，只是现在还不知道。从这个意义上来说，我们都是这一社会实践的探索者。

4.8　紫色光的魅力

波长在 369 ～ 400nm 范围内的光称为“紫色光”（Violet Light）。2017 年，日本庆应大学医学部眼科学教研室坪田一男教授的研究团队首次研究发现，紫色光对眼睛的健康很有帮助，对眼睛近视的发展能够起到抑制作用。随着世界上近视人口的不断增加，特别是在亚洲范围内近视患者激增。虽然造成近视的原因还不太清楚，但从上面的研究成果发现，相对于自然光中含有大量的紫色光（直射日光的 5%），人工光源中几乎没有。因此，有种解释近视增多的原因是由于现代人沐浴自然光的机会减少。

另外，紫色光还能够杀死造成食物中毒的一种重要病源金黄色葡萄球菌。迄今为止，杀菌一直是用含有紫外线（253.7nm 附近的超短紫外线 UVC）的杀菌灯来进行的，虽然杀菌需要的时间比较短，但毕竟是紫外线，对人体还是有害的。像餐厅后厨，就要等到关门后才能进行杀菌，其他店铺也是根据自身情况进行杀毒。如今，食物中毒的事件虽然已经很少发生了，但即使是这样，每年集体食物中毒的消息也未曾断绝。

最近，市场出现了一般照明用的紫色光 LED 灯，“紫色光”光源在 415nm 左右有波长峰值。中村修二教授因开发蓝色光 LED 而荣获诺贝尔奖。这种灯不但无害，而且还可以作为普通照明用灯，或许还能预防眼睛近视。

这种灯虽然显色性一般，但几乎没有蓝光，现在也有了显色性优秀的全光谱类型等，可根据不同的用途分类使用。

4.9 红色光之谜

在电灯发明以前，人们白天利用的是太阳光，那么夜晚用的就是火光。火光中蓝色和绿色波长相对较少，在红色（620 ～ 700nm）和深红色（700 ～ 780nm）的波长域间存在大量能量。因此，会有热感而放射出红外线。

火光的光谱能量分布最接近人工光源的白炽灯。实际上，由于是灯泡内的钨丝燃烧而产生发光，所以与火相同，属于热辐射的发光原理。作为夜晚的照亮，火光可以说是理想的全光谱光源。然而遗憾的是，由于白炽灯的发光效率（光通量与功率的比值）很低，大部分电能都变成热而散发出去了，只有少部分电能转换成了光能。因此，除了部分种类的白炽灯外，其他类型的已逐步退出市场而难以买到了。

LED 是放射不出深红色波长光的。虽然一般照明用紫色光 LED 与其他 LED 相比，能放射出深红色波长的光，但也达不到白炽灯那种程度。

深红色光对患有视野狭窄症的人来说，对恢复视力的治疗很有帮助。另外，夕阳和烛光也可以称为治疗之光，都具有很多深红色波长的光。即使眼睛很难清晰地看到深红色光，但也总能隐约使人感受到它的存在。

实际上，眼睛是能够感受到深红色光的。例如，用最接近白炽灯的 LED 与白炽灯进行光色比较，总感到光色的深度有所不同。700 ～ 780nm 范围的光即使看不到，这段波长多的白炽灯的灯光照射到一些带色彩的物体时也会有所反映，而使我们感知到。今后，随着研究这段波长域的不断进展，也许会有更多、更有趣的发现。

4.10 彩色光（色光）的魔法

在法国巴黎有距今 700 ～ 800 年前建造的圣礼拜堂（Sainte Chapelle），笔者在日照时间短的冬季，访问了此地。当进入大教堂那一刹那，顿时感到高大天井的压倒气势。向上仰望，黯淡的空气温柔地覆盖在以蓝色为主色调的红、黄和绿色等像宝石般镶嵌的、巴黎最古老的彩色玻璃窗上，那色彩丰富的光辉着实令人心动（图 4-10）。

过去，说到照明的彩色光当属霓虹灯。像夜晚的闹市、以博彩业为主的娱乐场所等设施与霓虹灯的灯光非常搭配，容易使人在无意间被这些彩色灯光引入其中。图 4-11 是国际机场航站楼通往大厅的通道里设置的彩色光照明，采用的是各种光色的霓虹灯管。由于乘客长时间在飞机上沐浴不到光色，所

图 4-10　圣礼拜堂内的彩色玻璃（法国巴黎）

图 4-11　国际机场内的连接通道（德国慕尼黑）

以在通过此通道时能够多少得到些补充。

直到 21 世纪初，见所未见且色彩鲜艳的彩色光 LED 才出现。

适应了一般照明用白色光的眼睛对彩色光会感到非常刺激，根据使用场合的不同，也许会产生心理（心的作用）或生理（身体的组织和功能的作用）的各种效应。

彩色光照明，有像霓虹灯那样直接显示灯管彩色光的方法，也有用色光照亮想要照明对象的方法。前者由于光源的亮度很高，从远处就能加以辨认，所以常用于标识设计。

后者主要是影响心情进而产生微妙的心理和生理层面变化。高品质的彩色光可以使空间显得愉快且沉稳。另外，根据选择的光色可以产生使血压和脉搏降低、缓和疼痛等效应。

例如，黄色光有吸人眼球的效果；绿色光对洗完澡比较适宜，因眼睛对绿色光不太敏感，所以建议用于卧室的小夜灯；蓝绿色光给人以深海的印象，特别是夏季，会给人以凉爽、清闲、惬意的效果；还有蓝色光会给人以镇痛的效果。可是，以上这些生理现象在经过数分钟之后就会平复，又回到了身体的自然状态，以上效应只是一时的（图 4-12）。

(a) 暖白光的一般照明

(b) 用蓝色光照明营造深海的氛围

图 4-12　不同的色光给人不同的感受

最近，有些医院把彩色光引入了手术室。例如，由于内视镜手术是在观察显示器画面的同时进行的，因此把手术室整体设定为蓝色光，这样显示器所显示出的血管和血液的颜色与背景对比，呈现出来的效果会更加明显。

初期 LED 的彩色光由于是由蓝、绿、红三色混光而成，因此接近原色，给人的印象比较生硬。如今，三色以上的颜色掺加于白色中，使更纯粹的彩色光成为可能，高品质的彩色光使空间显得愉快。彩色光在治疗效应与刺激效应中已得到体现，期待今后在各种空间中也得到应用。

4.11 全光谱的威力

全光谱（Full Spectrum）是指像自然光那样，特别是在可视光波长的整个范围内，有几乎强度均等的能量连续分布的光源。现实生活中，与自然光（太阳与蓝色天空合成的光）波长相同的人工照明用光源几乎是没有的。不过总会有一些接近自然光光谱能量分布曲线形状的产品，这时就可以称其为全光谱光源。

自然光由于天气、季节、时间段的不同而使光谱能量分布有所改变，因此我们可以把普通晴天的自然光作为全光谱的模型。

最接近自然光连续光谱的人工光源是氙灯（Xenon Lamp），这是利用了氙气体的电弧放电而制成的电灯，所以也叫“弧光灯”。由于自然大气中的氙气体存量很少，所以氙灯很贵且用途特殊。氙灯因光色接近白天的太阳光，指向性很强，所以常用于探照灯。另外，利用优异的再现物体原有色彩的白色光标准光源，最近在医学领域里作为内窥镜光源而广泛采用。

还有一种作为一般照明用光源的全光谱荧光灯，从蓝色到红色的光谱能量分布比较平衡，而且还能放射出近紫外线。近紫外线因为不会引起晒黑，所以对健康比较有利。这种全光谱荧光灯主要是直管型，色温约 5500K。有的光源的外形由于是弯曲的，所以一定程度上缓解了刺眼的光，即使光源外露也不至于使眼睛感到疲劳。

这种光源即使用于 100lx 左右的住宅照明仍然达不到所期待的效果。即使色温较高，作为整体照明如果照度较低的话，空间氛围也会显得比较阴沉。因此，像教室和办公室等要求明亮的空间，推荐照度为 500 ～ 1000lx。

1973 年，美国生物光学家约翰·奥特（John Ott）与环境卫生照明研究所开展了一项长期实验，在全光谱荧光灯和一般荧光灯照明下，研究学生的成绩和上课状态等会有怎样变化。其结果是，在一般荧光灯下的学生容易产生疲劳、焦躁和注意力不集中，而改换为全光谱荧光灯一个月后，上面的毛病有了很大改善。另外，长期在全光谱荧光灯下学习，成绩也会提高，小学生的虫牙也减少了（摘自《光与医学》）。

说到 LED，有前面介绍的一般照明用紫色光 LED 全光谱的光源。这种光源蓝光较少，再现了接近太阳光的光谱。因其显色性好，所以适合用于美术馆和餐厅等空间。另外，在一些像手术灯和没有户外自然光环境的特殊场合，建议作为调整昼夜节律的照明使用（图 4-13）。

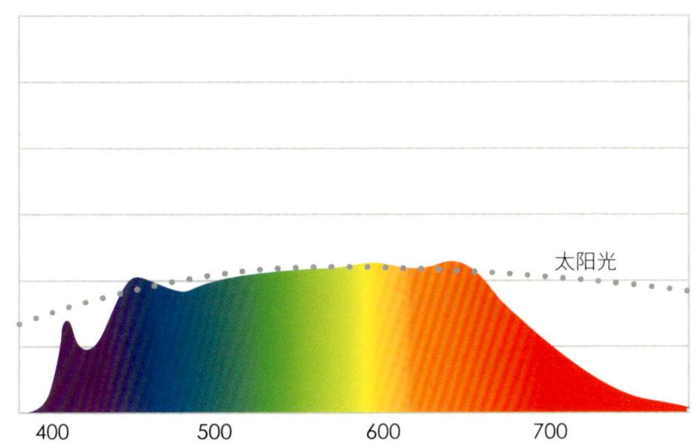

图 4-13　全光谱的紫色光 LED 光源示例（与太阳光比较）

（摘自 Render them speechless sora，2018 年）

以前，日本照明学会针对“治愈光与感觉光的种类”进行过调查问卷。其结果是，针对提问有半数以上的人列举了夕阳和月光等从傍晚到深夜的自然光。另外，具有魅力感的烛光（Candle Light）摇曳的火焰获得六成的人认可，人气非常之高。以上提到的都是全光谱光源。相反，人工光在治愈方面却没有得到大多数人的青睐，荧光灯和 LED 在治愈方面评价较低，而评价最高的是白炽灯，占所有参加问卷调查人的两成左右。

今后，LED 照明将朝着仿自然光方向发展，特别是在治愈疾病方面能对人类健康做出贡献的全光谱光源，期待得以开发。

4.12　锻炼脑力的照明

大脑是以视觉、嗅觉、味觉、触觉、听觉这五感的感觉为基础，使外界的信息在大脑中形成。从五感得到的信息按延髓→桥脑→中脑→间脑（视床、视床下部）的顺序接受刺激，并传递到大脑皮质。延髓、桥脑、中脑和间脑自下而上形成脑干，是大脑与全身连接的器官。大脑的中心部位支撑着巨大的大脑（图 4-14）。

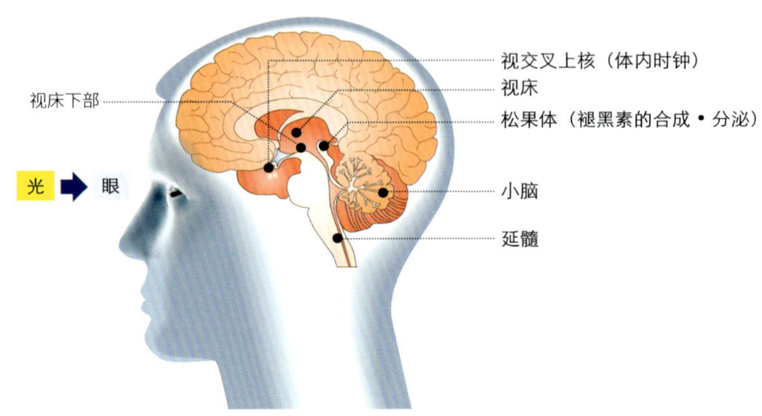

图 4-14 大脑的构造

脑干作为自人类产生后最古老的大脑，除了具有呼吸、食欲、排泄、睡眠、种族保存本能的生理机能之外，还具有自身防卫机能、快感和美意识等“基本生命活动”的反射中枢。这里的植物神经控制着所有神经。虽然脑干因身体活动而维系着正常的机能，但在今天心理压力日趋紧迫的时代里，人们植物神经紊乱极易导致脑干的衰弱。

因此，为了预防因心理压力而得病，就必须加强脑干的锻炼，最好的方法是运动。特别是矫正头盖骨与颈椎的歪斜，还要锻炼五感。五感中视觉的影响占整个感觉中的 80%以上（也有 60%以上的说法），显得尤为重要。

延髓（Medulla）的主要机能是调节内脏活动，许多维持生命所必需的基本中枢（如呼吸、循环、消化等）都集中在延髓，这些部位一旦受到损伤，常会引起迅速死亡，所以延髓有“生命中枢”之称。因此，为了保证延髓的机能完好，从光和照明的角度来说，需要注意以下几点：①观看朝阳和夕阳；②居住在能观赏到夜景的住所；③室内装饰要有自然的色彩；④室内灯光不要瞬时点亮、熄灭，而是通过连续调光来逐渐改变亮度；⑤间接照明的亮度要适当，增加高光也要适当等。

相反，如果住宅里整体照明的荧光灯或 LED 的白色光过于明亮，会使延髓的机能下降。通过提高延髓的机能，可使看到物体的瞬间就能记住更多有关物体的信息，从而提高处理信息的能力（图 4-15）。

桥脑（Pons）与捕捉视野的宽度、五感的感度以及素材材质感等辨别空间好与差的辨别力有关。例如，有高低差的地面、触感和材质感良好的家具、手感良好的绒毯和沙发、有质感的灰泥墙面等，都会刺激桥脑，从而增强其机能（图 4-16）。其中的材质感用照明加以强调是较好的方法，这样对桥脑有利。

中脑（Midbrain）是控制身体运动的中枢，具有平衡身体和保持姿势的机能。刺激中脑的照明案例包括，在室内顺着眼睛的视线连续排列灯光或色彩，在很长通道的墙面或地面上连续规则地布置照明等（图 4-17）。

（a）不好

（b）改善

图 4-15　照明与延髓的机能

图 4-16　提高台阶和砖墙质感的照明

图 4-17　通道的连续照明

间脑（Diencephalon）位于视床下部。视床下部位于大脑的正中间，承担着大脑的重要作用。它通过外界射入的光对物体的形状和颜色形成视觉感受，

一部分光刺激着视床下部和脑干中的重要神经，起到调节生物钟、觉醒意识、抗抑郁效果等非视觉作用。这一视床下部调节自律神经的中枢，使荷尔蒙的分泌系统和免疫系统融为一体，从而保护着我们的身心。

于是，大脑在本能的活动、情绪波动、记忆等的中枢里得到刺激。由此我们应该锻炼脑力的照明。总之，要住在照明设计比较理想的空间里。

Chapter5
为体质健康而好好利用光

得病时若不按规定时间、规定药量服药的话，治疗效果不但会减弱，还会引起一些副作用。光也是一样，照射的时间以及照射的数量对身心的影响会有很大的改变。当然，这种改变也是因人而异。

人类自地球上诞生，经过令人无法追忆的漫长岁月，一直是利用且适应着自然光。与自然光相比，人工照明的历史是极其短暂的，与人类的历史相比，可以说是瞬间发生的事情。然而，今天比起自然光，人们多是依赖于人工照明，昼夜处在稳定的光照下，生活也是更加方便和舒适。于是，我们好像已经在不知不觉中适应了人工照明，并甘愿长此以往。

实际上，不经意间，可能因人工照明的原因，我们身体的某些部位开始出现异常。人工照明对我们带来怎样的影响，要想得出其科学的结论，还需要很长的时间。

至此，本书介绍的有关“光与健康”的数据，多以统计数据为基础得出的，其中也包括少量样本的实验数据。因此，虽然得出的结果总的来说有可信度，但限于实验条件，即使是相同的实验，如果改变某些实验条件的话，其实验结果也会有很大的改变。

在意识到以上这一点的同时，为了尽量减少至今已知的光带来的负面影响，有必要好好地利用自然光和人工光，并希望成为我们生活中的良好习惯。

5.1 摄取有益的光会带来好运

人们一旦遇到坏事就会精神不佳，心里也会感到堵得慌。为了走出这种不佳状态而不停地撞大运，如果相信有这个运气的话，也许心情会得到一定缓解而真的会时来运转。

然而，“运气”究竟代表什么意思呢？据《日本国语辞书》中记载，运气是指依据自然现象所显现的人的运势。另外，还与以人类为中心的宇宙间的一切看不到且具有阴阳对立属性的万物中的“气”，使得万物生生死死的古代中国哲学思想的阴阳道相关。

虽然笔者不是研究阴阳道的专家，对有关这方面的知识也不甚清楚，但如果把阳（日、昼、明、南、暑等）和阴（月、夜、暗、北、寒等）置换为光与影的话，利用有关自然光和照明的某些科学根据，那么运气就有可能不请自来。

Light up（投光照亮、使亮起来）一词我们会经常听到，在日本，建筑物照明和装饰照明等经常会使用这个日本式的英语单词。而实际上在英语的意思里，据说还含有让打不起精神的人“振奋起来”的意思。这不禁使我们联想到“在良好的光照下，使精神愉悦起来。”而另一层意思是，连续在不好的光照下，会使人不愉快、打不起精神，进而会有不好的事来临。

在光的种类及其光照方法中是有某种规则的。由此，介绍一下一天中的“光照方法”和“与光交往的方式”。说到光照效果，因为光本身毕竟不是药物，所以除了太阳光线那种强光以外是没有速效性的。另外，因不同的光照方法会有一定的副作用，因此光照效果是因人而异的。

对于每个人来说，了解对自己有益的光（自然光和人工光）、光照多长时间、光照怎样的程度比较合适，而形成每天的日常习惯是非常重要的。经过长年累月的光照，一定会对身体带来好处。比方说，人上了年纪易导致骨质脆弱，容易骨折，这与年轻时的光照方法以及饮食不当是有很大关系的。骨质变脆后即使再注意也为时已晚。

5.2 一天里的光照方法

睡醒：不用闹钟而用自然睡醒光

因为有特殊的事情而必须早起时，一般都需要闹钟。而闹钟那刺耳的铃声使人烦躁。因为用闹钟叫醒起床时，大脑往往还处于睡眠状态，所以用闹钟叫醒往往会令人生厌。

图 5-1　日出前东边的天空开始泛白

人体生物钟从黎明起体温逐渐上升且开始准备睡醒。随着旭日冉冉升起使房间变得愈加明亮，在这种明亮的环境下体温继续上升而达到舒适地睡醒（图5-1）。也就是说，起床重要的不是声音而是光。

笔者为了利用晨光自然睡醒，睡觉前把卧室（窗户朝东南方向）不透光的厚窗帘稍微打开一些。为了保护隐私而把半透光薄窗纱完全拉上。即使是外出旅行或出差时也是如此。从日出前开始，房间内渐渐变亮而为睡醒做好了准备。然后，旭日东升不久使房间明亮而自然睡醒。这是因为旭日可以使皮质醇（Cortisol）等觉醒荷尔蒙的分泌量增加。

因天气的原因，朝阳照射不到室内的情况也是有的。这时我们可以通过照明来解决叫醒的问题。例如，在起床前的 1 小时左右，用含蓝光的白光放置型 LED 灯具（叫醒照明灯）照亮枕边。尽可能在起床时激活血清素而使脸部有 2500lx 的光照度，因此有必要设置具有叫醒功能的照明灯具。当然，对利用光来叫醒的作用没有自信的人来说，可以与闹钟共用，但尽量要养成闹钟在响铃之前就亮起叫醒照明光的良好习惯（图 5-2）。

图 5-2　用光来叫醒的照明灯具

起床：清晨的白光复位人体生物钟

即使睡醒了但多少还是有一些睡意。因此，在下床之前最好在床上做一些轻微的肢体伸展。该起床时体温还相对较低且大脑还较为迟钝。这时做一些轻微的肢体运动尤为重要，然后起床把窗帘全部拉开。如果窗户朝向东南，为了不使朝阳刺眼，可以先不拉开窗纱而沐浴明亮的自然光，之后打开窗户呼吸早晨的清新空气。5 分钟左右的户外透气，体温开始上升，大脑也得到完

图 5-3　人们在晨光下练习太极拳

全清醒。这时全身会感到非常轻松。过去有广播体操，数分钟的全身运动现在看来依然值得推荐。当然，清晨的太极拳也是不错的运动（图 5-3）。

前一天晚上即使睡得很晚，眼睛在经过间接沐浴明亮的阳光、身体在经过适当活动之后，身体内紊乱的生物钟也会得到复位。

早餐：在有朝阳照射到的地方就餐

清晨，最好在有朝阳照射到的地方享用营养平衡且丰盛的早餐。因为朝阳会使食物显得美味且可增进食欲（图 5-4）。如果朝阳照射不到餐厅里，我们可以用暖白色或白色光的照明灯具照亮整个室内空间，然后在餐桌上摆放一些白炽灯或显色性好的暖白色光的 LED 灯具进行照明（图 5-5）。

图 5-4　朝阳不足的室内空间

图 5-5　朝阳不足时借助照明光享用早餐

笔者因工作或旅游的关系经常住宿宾馆，同时在宾馆的餐厅里用早餐。有些宾馆的餐厅是户外晨光完全照射不进去的，再加上照明多采用暖白色光，因此显得不太明亮，其环境氛围就像吃夜宵的感觉一样，激发不了人们的食欲。

实际上肠胃也是有生物钟的。有人因忙碌而不吃早餐，也有人为减肥而不吃早餐，然而吃早餐是一种为 12 ～ 14 小时后睡觉而分泌褪黑素的重要行为。

上午：发挥大脑的创造力

早餐过后，睡意完全散去，掌管活动的植物神经以及交感神经也变得非常活跃且全面开展工作。于是，一天里紧张的工作和学习开始。直到太阳落山为止，身体内的交感神经占绝对优势地处于工作状态。

在户外紫外线不太强的季节，早上上班或者上学尽可能在有阳光的路上行走以便沐浴紫外线。据日本骨质疏松研究团体介绍，夏季在树荫下待上30分钟左右，就能保证一天日光浴的摄取量。然而，因季节、时间段和所居住的地区不同会有很大的改变。

还有，坐电车上班或上学时不要在车内睡觉。在日本的电车内，经常会看到有人睡觉。这可能是他们早上没有沐浴阳光，也可能是没有吃早饭而导致大脑还没有清醒的缘故。

从早晨上班到晚上下班的多数人是在办公室的照明环境下度过一天的。日本办公室的整体照明基本上使用的是白色或日光色荧光灯，有的使用LED照明且照度在700lx左右且加上室外光。为了提高照明效率使用了露出光源的灯具，从而用较少的电能获取最大的光照。在大多外资企业的办公空间里，对眩光比较敏感的白人雇员来说，采用的是贴近于他们生理需求的、带有格栅的灯具，从而避免了眩光。日本也随着日渐老龄化，人们也变得对眩光越来越敏感。因此，即便不是外资企业，经营者也会出于对从业人员健康的考虑，为提高工作效率而使办公空间的照明更加舒适。图5-6是20世纪70年代美国办公空间照明的例子。从中可以看到，50多年前照明就已经进步到用格栅来避免荧光灯眩光了。

图5-6　20世纪70年代美国办公空间照明示例

白天户外自然光从宽大的窗户射进办公室，天空颜色和亮度的变化向人们暗示着时间的流逝，使人体生物钟正确地计时。办公室整体空间里不仅有昼光（经漫射或反射后的太阳光和天空光）和人工照明，在以个人电脑为中心的案头工作情况下，还有从LED电脑显示屏放射出来的含有蓝光的光线，也在刺激着人们的交感神经。

上午是最适合大脑工作的时间了，因此推荐进行具有创造性的工作。现在，以瑞典为中心的北欧诸国，1 天 6 小时工作制的公司越来越多，日本自治体也是大力推荐试行。这也是多数企业出于上午工作能够提高生产效率的考虑。当然，因各企业状态的不同，这种 1 天 6 小时工作制到底是否适用，还有待于观察，但总体看来好像势头良好。

图 5-7 用幻灯上课易诱发人们犯困

笔者上午在大学里给学生上课时，尽量不使用幻灯（PPT 演示文稿）。这是因为现在的许多大学生晚上打临时工到深夜，进而过度使用手机和电脑而造成了生活节奏紊乱，即使是在白天有自然光的明亮教室里，上午上课时睡觉的学生也是不少。更何况在昏暗的教室里看幻灯片，可以想象会有多少学生会睡觉啊（图 5-7）。

午餐和午休

午休前因吃午饭而要接受适量的户外空气和自然光，心情也会变得舒畅。然而，午餐后会一时犯困。人体生物钟的活性从下午 2—3 时会一时下降。伴随着体温下降、血糖值一度上升而犯困。为什么人体生物钟会变成这样？近来伴随着“12 小时周期生物钟”的研究进展表明，白天犯困是生理学上的某种现象。

在拉丁语系的国家里有个根深蒂固的习惯，那就是白天“Siesta”（午睡）。而在北半球高纬度地区的一些国家是没有午睡习惯的，当人们犯困时是通过吃一些提神的茶点来消除睡意。日本在江户时代就有“御八”（Oyatu）的午后间食的说法，就是在下午两点左右为防止犯困，或者因工作补充能量而吃些简单食品和小憩的习惯。现在的“御八”已经基本上用喝茶水和吃点心的形式取代了。

建议在午餐后的一段时间里不要勉强做一些用脑的事情。即使做了具有创造性的工作，也会由于不能充分发挥大脑的作用而导致效率不佳。另外，在上午工作疲倦的情况下，推荐用短暂的午睡来得到缓解。在白天户外自然光能够照射进的房间里，午睡时只要关闭照明就可以。

据说在中国台湾的学校和企业也有午睡的时间。通过大约 30 分钟的大脑休息来提高之后的工作效率。在热带和亚热带的国家里，人们都有午休和午睡的习惯。

最近，日本的一些企业也引入了 15 ～ 30 分钟的午睡时间。如果长于这个时间午睡的话，反而会适得其反，造成人体生物钟紊乱。即使长时间午睡，在经过 90 分钟的快相睡眠之后也会醒来。

下午：适合做日常例行的事务

人类的思考能力在起床后，随着时间的推移而降低。因此，下午的工作适合做一些尽可能不太用脑，像整理书籍或资料等日常例行的工作。然而，持续单调的工作也会使情绪低落，所以在感觉稍有些累的时候，最好走出室内，到外边透透气。这种简单的休息对提高工作效益是大有裨益的。

因人而异，下午做一些具有创造性工作的人也是有的。因为脉搏、血压也是每天身体管理的重要指标，使用像可佩戴手腕上且防水的运动智能手表，可以检测每天的脉搏、血压、睡眠等，在观察身体情况的同时，如果改变工作姿势（从坐着操作到站立起来操作）和工作内容的话，也是一项提高效率的重要措施。

下班时：从白色光变化到暖白色光

傍晚下班前后的时间带里人体的脉搏和血压渐渐下降，这也是交感神经向副交感神经转变的时间段，也意味着开始缓解一天的疲惫。这时建议办公室照明的白色光渐渐向暖白色光变化。由于以往荧光灯的色温很难变化，而如今的 LED 灯具多为色温可变型，因此有望用于特别是像办公室那样的空间。因为在某个时间突然改变色温会对眼睛带来不适，所以最好在从业人员不经意的时间段里用程序控制改变色温（图 5-8）。

下班后：置身于暖白色光下

从下班到回家的这段时间，我们会沐浴到路灯以及地铁站内、地铁车内或公交车内等公共空间的灯光。另外，很多人一周内有几次因工作疲劳而临时到其他公共场所，享受酒馆饮酒、饭馆吃饭的愉快生活。夜晚，为了尽量维持副交感神经的活动，重要的是要置身于暖色光且不太亮的照明光环境中。可遗憾的是，很多公共空间的灯光是以安全性为优先考虑的，根本就没有考

虑到光色。

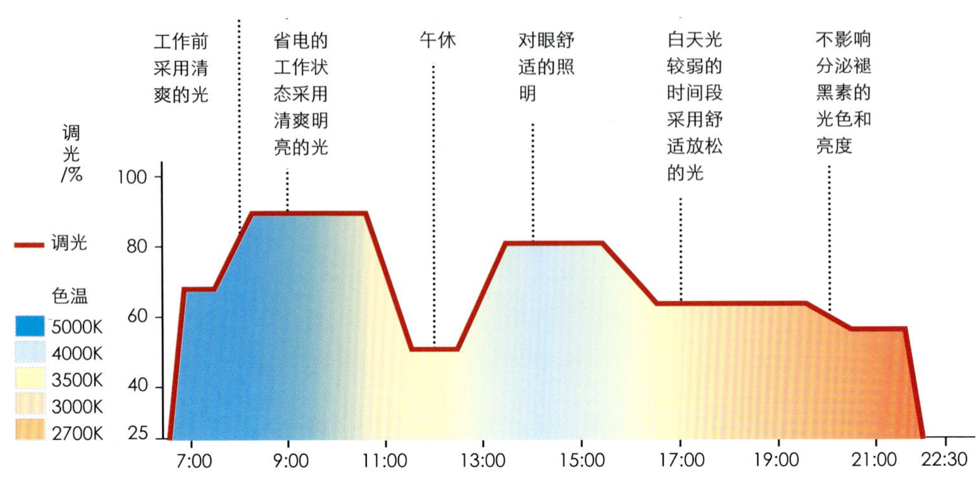

图 5-8　办公空间照明的程序控制示例

日本的路灯多是白色光。从前由于道路照明多采用高压钠灯，所以多是暖色光，高压钠灯可以说为节省能源曾经做出过巨大贡献。然而，由于高压钠灯的显色性很差，使得道路交通标线的白色和黄色难以分辨，所以高压钠灯逐渐减少，取而代之并成为主流的是与其同类但显色性好的白色光金属卤化物路灯。

如今，使用寿命更长的LED路灯取代了以往的传统路灯，并且多为白色光。随着 LED 路灯显色性的不断改善，即便是暖白色光的 LED 路灯，白色和黄色的道路交通标线也很容易辨别。然而，由于受以往固有意识的影响，现实是很多路灯还没有改变为暖白色。

为什么地铁和公交车内采用的是白色光？住宅区的路灯也是白色光？大概是想要用最少的路灯使街道更加均匀照亮吧。其结果，很多路灯的配光倾斜而出现很多散射光，人们走在回家的路上，在黑暗中忍受刺眼的灯光（图 5-9、图 5-10）。

包括人类在内的哺乳类动物在黑暗中受到强光的刺激之后会处于兴奋状态。比方说，玛雅文明、美洲印第安人文化、日本的祭祀庙会等世界各国的文化中都有夜晚利用火的节日。黑暗中的光容易使人进入神志不清的恍惚状态。

虽然我们不能选择晚上回家路上的公共照明，但我们可以尽量光顾那些有暖色光的商店。

图 5-9 日本电车内的照明（白色光）

图 5-10 明亮的白色光路灯

回家：沐浴时用暖白色光消除疲劳

笔者在 30 年前，曾向某杂志投了有关浴室照明的稿件，是建议大家对浴室照明应该采用具有清洁感的灯光且尽量不要有阴影的照明。当年无论什么书籍都很少介绍有关住宅照明的内容，而关心浴室空间照明的内容更是少之又少。

然而，今天的情况却发生了很大改变。很多人认为，放下工作回到家里，最能使人身心得到放松的当属浴室空间。

一般情况下，夜晚入浴应该避免过于明亮的灯光刺激。在泡半身浴时，或者看电视，或者看书，或者什么都不做地发呆养神，浴室里最好也是采用像白炽灯那样的暖白色光，而且有条件的采用可调节的照度。

可以考虑只点亮相邻洗漱间的灯光，让其灯光透过玻璃门射入浴室内。然而，这种情况容易使人感到浴室内阴气重，因此可以点上蜡烛（注意防火），或者用防水型的 LED 照明点缀一下浴室空间。

现在市场上有只需点亮、熄灭来改变光色“暖白色到冷白色”“冷白色到暖白色”的 LED 照明。如果把以前的白炽灯用的灯具换成这种 LED 照明的话，早上入浴时采用冷白色光，而夜晚切换成暖白色光，这种 LED 灯具可以说是再好不过了（图 5-11）。

在日本，浴室用照明必须采用防湿型灯具。一般用乳白色球形的壁灯照亮整个浴室空间，最近筒灯类型的灯具正不断增多。这种灯具由于是从顶棚上方向下照射灯光，所以当泡澡用的入浴剂撒入浴缸后，洗澡水的颜色和气泡就会明亮地浮现出来，使洗浴的氛围更加高涨。然而，值得注意的是，洗浴氛围好容易使泡澡时间延长，进而体温上升，恐怕会影响睡眠。

图 5-11　用改变亮度和光色来表达当天的心境

晚餐：白炽灯的灯光有助于胃部消化

图 5-12　在暖色光下慢慢享用晚餐

晚餐最晚不要超过晚上 8 点。食堂照明推荐采用像白炽灯那样高显色性的，使食物看起来让人充满食欲的照明灯具（一般选用吊灯），安装在餐桌上方。最近市场上出现的 LED 灯具，虽然与白炽灯的光谱相似，但从严格意义上讲，LED 还不能放射出像白炽灯那样的暖色光。餐桌上方的灯具多是在用餐时点亮，对电费和灯泡使用寿命均要求不高。白炽灯的灯光有促进肠胃蠕动的功效，有利于消化。因为晚餐时间稍长，所以慢慢享用会有助于消化（图 5-12）。

就寝前：卧室照明调至舒适的暗度

卧室照明可以参考宾馆的客房。高档宾馆的客房照明比较暗，比如说用间接照明照亮整个房间才需要 30lx 左右，书桌等局部照明可以设置台灯，这可以说是一种固定模式。无论采用哪种卧室照明灯具，都要做到以通常的视点看不到灯具里的光源。如果看到灯具里光源的话，刺眼的灯光会影响睡眠。

为了使台灯灯罩部分与躺在床上时的视线高度接近，有必要调整灯具放置的位置和高度。灯罩尽量采用亮度低且对眼柔和的双重结构，如布包乳白色亚克力或者双层布结构的灯罩等。

另外，带灯罩台灯内的光源，尽量配有白炽灯的调光器。随着调光器逐渐调暗灯光，光色会更加温暖。LED虽然有接近白炽灯调光效果的灯具，但还不像白炽灯那样普及（图5-13）。

图5-13 卧室的照明

就寝前1～2小时不要看电视、电脑和手机。在黑暗的房间里看手机，如果感到有些刺眼的话，蓝光的危害就会很大。在黑暗的房间里瞳孔扩大，更多的光在无意间进入眼睛而使眼睛得不到休息。白天时瞳孔的大小约如铅笔芯直径，因为眼睛里射入过多的光线会有刺眼的危害，所以要调小瞳孔；而满月夜晚时瞳孔的大小会调节到铅笔直径那样。即使是在昏暗的环境下，也会有很多光进入眼睛。

如果一定要使用电脑和手机的话，可以把房间内稍微调亮，显示屏的亮度要尽量调暗，画面的光色也要调整到蓝光少的暖白色。

照明的发达使现代人的夜生活渐渐向深夜型发展。孩子们的就寝时间也向后推迟了。据说日本3岁儿童晚上10点以后睡觉的占将近30%。从1岁到3岁，是构建植物神经系统的时期，幼儿晚上超过10点睡觉会使植物神经的机能减弱，智能的发育也会受到影响。这样成长起来的儿童会有情绪不安的问题。

深夜：熟睡自带成功体质

就寝中的深夜，只要有点儿长明灯的亮度（1lx左右）就足够了。由于城市路灯等的影响，即使是夜晚，环境也是比较明亮的。城市住宅的卧室，夜晚只要保持小夜灯的亮度就足够了。如果不用小夜灯，也可以稍微拉开一点遮光窗帘（窗纱拉上）。无论哪种情况，在睡眠姿势下直接看到小夜灯，或者窗帘间隙射进的户外光的话，都会影响睡眠，导致不能进入深度睡眠状态（图5-14、图5-15）。

婴幼儿长期在明亮的地方睡觉，等成年后视力会严重低下，因此必须引起注意（图5-16）。这是美国宾夕法尼亚大学的研究团队，在追踪500名儿

童调查后所得出的结论，并发表在英国科技杂志《Nature》上。婴幼儿在黑暗的房间里睡觉，长大后约有10%的人会近视，而在明亮的房间里睡觉，长大后约有55%的人会近视。

图 5-14　用小夜灯照亮脚下

图 5-15　夜晚去楼下的卫生间时也只是照亮脚下

睡眠分快速眼动睡眠（Rapid Eye Movement，REM）和非快速眼动睡眠（No Rapid Eye Movement，Non-REM）两种完全不同的状态。快速眼动睡眠指即使在睡眠过程中，眼球也在不停地活动，大脑的一部分和清醒时一样，而非快速眼动睡眠是整个大脑的血流降低，进入了深睡眠状态。

图 5-16　婴幼儿睡觉时房间不要太明亮

进入睡眠时，首先开始熟睡的非快速眼动睡眠。大约经过90分钟之后，睡眠变为很浅的快速眼动睡眠。再经过数分钟到20分钟左右的短时间后，又进入非快速眼动睡眠状态。这样经过5次左右的反复交替之后，迎来了清晨的睡醒。

从入睡开始，能有3～4小时的熟睡，能否获得非快速眼动睡眠，对于身体新陈代谢所必要的成长荷尔蒙的分泌量会有很大的不同。

人体中的骨骼、血液和内脏的旧细胞向新细胞日复一日地逐渐更替。这种新陈代谢在身体的各个部位每时每刻都在进行着，从而能够维持人的健康和生命。换句话说，我们每年都能有自己的新生。然而，新陈代谢的速度众说纷纭，再加上每个人身体的不同也有差异（图 5-17）。

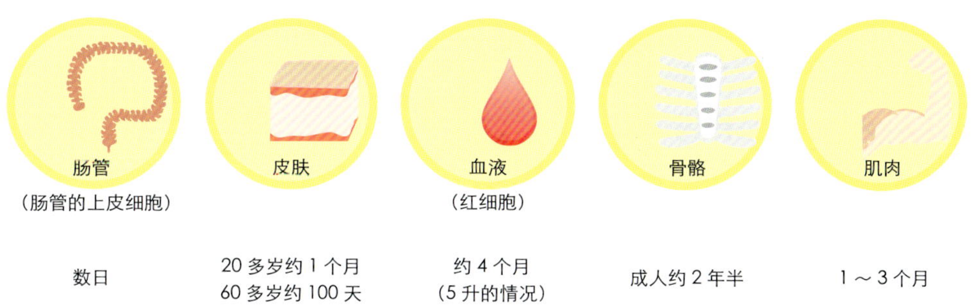

图 5-17　新陈代谢所需要的时间
（摘自《包括蓝色光防犯灯的防犯照明的现状与课题》，2008 年，日本照明学会关西分会）

产生这种差异是因每个人的生活习惯所导致的。通过良好的光照、睡眠以及饮食的平衡和适度的运动，来维持人体生物钟正常运行，从而提高新陈代谢能力。新陈代谢速度快的人皮肤漂亮且显得年轻。

睡眠非常重要，在犯困的情况下不睡且活动的话，大脑会分泌出为提高兴奋的神经物质，从而导致食欲增强而身体肥胖，恶性循环由此产生。

日语中有“有福不用忙”（果報は寝て待て）的谚语，意思是因为来的是大运，所以现在不用慌，顺其自然地等待好结果就行。然而，什么也没有做就想有幸运到来，这种概率在现实生活中一定是极低的。也就是说，应该做的事情必须努力认真地去做，做完之后稍作歇息等待结果即可。这里的“稍作歇息”指的就是睡觉。正是夜晚良好的睡眠才招致幸运的到来，而正是良好的睡眠才是长寿的秘诀。

5.3　因季节变化而身体不适是因为光？

日本的四季分明，人们的身心也与之相适应，自然景色也随之改变。可是这种季节变化也会伴随着连续不好的天气，使人头疼、倦懒，特别是女性更是不在少数。究其原因，原来是日照不足和气压变化所致。从秋季到冬季变化时，白天逐渐变短，夜晚逐渐变长，自然光也逐渐减弱。人们在寒气的影响下，身体和心情也容易导致憋闷。这时自然界满山的红叶，那红和黄色的盛景，使我们异常兴奋（图 5-18）。之后，树叶落地，更多的

自然光照向大地。

6月的梅雨季节，连日阴雨使人的情绪低落，就连上学或上班也懒得去。这是因为日照时间短，进入眼睛的光量少，给植物神经系统带来了影响。于是，有的人莫名其妙地忧郁，进而脑内控制感情的神经传达物质的血清素不足，表现出情绪不安、难过的病状。

这个季节里有绣球花和菖蒲花为代表的蓝和紫、红紫色的花开放。阴雨的天空比较昏暗，眼睛看凉爽的蓝色调颜色比较清楚，心情也会得到少许改善（图5-19）。看到这一自然的变化，我们会深切地感悟到人类与自然是共同生存的。

图5-18　入冬前身体周围充满暖色

图5-19　梅雨季节时开放的绣球花

笔者喜好不同季节的风景而经常外出旅行，旖旎的自然风景和色彩映入眼帘而使心情一直处于愉快状态。

日本从很久以前就有为顺应季节变化而举行的大型节日活动，像正月新年、节分（特指立春的前一天）、雏祭（日本女孩子的节日）、端午之节句（端午节）、七夕、月见（赏月）等。这些节日活动有很多是从中国传到日本的。还有春季和秋季的赏樱花和赏红叶的习俗，很多人为此而长途跋涉。当然，虽然是以观赏美景为目的，但是活动本身无意间也起到了预防因季节变化而引起身体不适的作用。

近年，大型节日活动的形式逐渐发生了一些改变。特别是在夜长的冬季，有关光的各种大型节日活动在世界各地都有举行，最具代表性的当属圣诞节的彩灯。另外，还有“雪祭”和“冰之祭典”也都与光有关系。为了使因冬季萧瑟而失落的情绪变得兴奋高昂，以上的大型节日活动会给大家带来欢乐。

主要参考文献

[1] 「f 分の 1 の謎に迫る」[J]. 武者利光 . At home time. 1998.
[2] 「人体にとって光とは何か」[M]. R，J，Bultmann 原著 . 日経サイエンス社 .
[3] Handbook「光の質で人間の生理反応は影響されるのか」[J]. 勝浦哲夫 . 照明学会誌 . 2000 年 . 第 6 号 .
[4] 「National Geographic」[J]. 2001,1.
[5] 「大都会の夜」[M]. Joachim Schl¨or. 鳥影社，2003.
[6] 「岩波心理学小辞典」[M]. 宮城音弥編 . 岩波書店 .1979.
[7] 「人とあかりのルーツ」[J]. 角取猛司 . 月刊設備設計 . 第 21 巻 . 6 月号 .
[8] 「人生が 10 倍良くなる照明の法則」[M]. 中島龍興著 . 講談社，2008.
[9] 「最新 LED 照明の基本と仕組み」[M]. 中島龍興著 . 福多佳子 .（秀和システム） 2012.
[10] 「照明ハンドブック」[M]. 照明学会編 . オーム社，2003.
[11] 「照明のアイディアと工夫」[M]. 中島龍興著 . 日本実業出版，2008.
[12] 「闇を開く光」[M]. Wolfgang Schivelbusch 著 . 法政大学出版局，1997.
[13] 「最新　やさしい明視論」[M]. 照明学会編 . 1977.
[14] 「光のヒーリングとセラピー」[M]. Roger Coghill 著 . 産調出版，2001.
[15] 「光の医学」[M]. Jacob Liberman 著 . 日本教文社 .1996.
[16] 「生体リズム障害がわかる本」[M]. 大川匡子著 . 農山漁村文化協会，1999.
[17] 「色の秘密」[M]. 野村順一著 . 文藝春秋 . 2005.
[18] 「ブルーライト　体内への脅威」[M]. 坪田一男著 . 集英社，2013.
[19] 「太陽を浴びていたら医者はいらない」[M]. 宇都宮光明著 . ワニブックス，2010.

著者简介

中岛龙兴（Nakajima tatsuoki）
日本中岛龙兴照明设计研究所 所长
资深照明设计师

涉及所有关于“照明”的咨询。

从事从住宅到商业设施、城市景观等的照明规划与设计。

日本照明学会终身会员、日本室内设计师协会会员、国际照明设计协会会员。

荣获：北美照明设计奖、JID（日本室内设计师协会）奖、G标志设计奖等。

主要著作：《对人生有10倍好处的照明法则》（讲谈出版社）、《照明的创意与功夫》（日本实业出版社）等。

译者简介

马卫星（Ma Weixing）
北京理工大学设计与艺术学院教师

主讲课程：环境照明设计、中国传统家居、展示设计等。

欧美同学会会员，中国工业设计协会会员。

著作：《现代照明设计方法与应用》《老年人照明设计初步》等。

译著：《照明灯光设计》《照明设计终极指南》《照明设计解剖书》《产品设计效果图技法》等。

发表论文数篇于各类专业刊物上。

荣获第八届、第九届中国环境艺术设计学年奖优秀指导教师奖。